全地面起重机
伸缩臂架稳定性研究

姚峰林　著

北　京
冶 金 工 业 出 版 社
2022

内 容 提 要

本书共 9 章，主要内容包括：全地面起重机及臂架稳定性研究进展，箱形伸缩臂的非线性稳定性分析，超起装置对伸缩臂线性屈曲分析的影响，伸缩臂含几何结构缺陷的非线性屈曲分析，截面尺寸对伸缩臂屈曲敏感影响分析，全地面起重机组合臂架系统屈曲分析，偏心调整架参数对组合臂架系统整体稳定性的影响，偏心调整架与超起的相互关系对臂架稳定性的影响，箱形伸缩臂滑块处局部稳定性研究。

本书可供从事工程起重机等相关机械设备设计、生产、使用工作的设计人员、工程技术人员及相关专业高等院校师生阅读和参考。

图书在版编目（CIP）数据

全地面起重机伸缩臂架稳定性研究 / 姚峰林著. —北京：冶金工业出版社，2022.4
ISBN 978-7-5024-8997-7

Ⅰ.①全… Ⅱ.①姚… Ⅲ.①全路面起重机—伸缩式臂架起重机—稳定性—研究 Ⅳ.①TH218

中国版本图书馆 CIP 数据核字（2021）第 254823 号

全地面起重机伸缩臂架稳定性研究

出版发行	冶金工业出版社	电　　话	（010）64027926
地　　址	北京市东城区嵩祝院北巷 39 号	邮　　编	100009
网　　址	www.mip1953.com	电子信箱	service@ mip1953.com

责任编辑　戈　兰　美术编辑　彭子赫　版式设计　孙跃红
责任校对　石　静　责任印制　禹　蕊
三河市双峰印刷装订有限公司印刷
2022 年 4 月第 1 版，2022 年 4 月第 1 次印刷
710mm×1000mm　1/16；13.25 印张；259 千字；202 页
定价 86.00 元

投稿电话　（010）64027932　投稿信箱　tougao@cnmip.com.cn
营销中心电话　（010）64044283
冶金工业出版社天猫旗舰店　yjgycbs.tmall.com
（本书如有印装质量问题，本社营销中心负责退换）

前　　言

随着风电、石化、矿山、核电、建筑等领域内越来越多的大型甚至超大型工程项目的开展，全地面起重机的市场需求不断攀升，同时也对起重机的起升性能、转场能力、操作稳定性等提出了更高的要求。伸缩臂是全地面起重机最重要的部件之一，决定着整机的性能，决定了起升货物的能力。我国对中小型移动起重机伸缩臂的设计已相对成熟，但对五节臂以上大型全地面起重机伸缩臂暂无相应规范，本书介绍的内容主要包括以下几个方面。

针对 n 阶阶梯柱模型，基于纵横弯曲理论建立各节伸缩臂挠曲微分方程，推导了 n 阶阶梯柱特征超越方程的递推公式，根据阶梯柱模型的力学和结构特性，列写补充方程，构造超越方程组。通过 Levenberg-Marquardt 数值算法，求解 n 阶阶梯柱的超越方程组，可以解决 5 阶及以上阶梯柱的求解问题。此数值解法与现行国家标准 GB/T 3811—2008 和 ANSYS 软件所得结果进行对比，结果表明递推公式正确。数值解法相比其他的计算方法通用性更强，精度更高。此外，阶梯柱模型的长度系数具有一定的非线性，传统算法在小范围内的插值不会产生太大的误差。但对于大截面的阶梯柱模型，使用插值法计算，临界力的误差较大，也应该使用本算法进行精确计算。

针对包含超起装置的臂架模型，基于 ANSYS Workbench 平台，研究其几何参数对伸缩臂的屈曲临界吊重的影响因素。发现合理的超起装置安装位置和超起撑杆展开角度将大幅度提升伸缩臂的临界吊重，相反也可能成为一种载荷导致临界吊重下降。

针对包含几何结构缺陷的伸缩臂进行非线性屈曲分析，通过对比线性屈曲分析和非线性屈曲分析结果，无论是临界吊重还是伸缩臂临界载荷，非线性屈曲分析的结果均小于线性屈曲分析。另外，以 U 形截面为例研究截面尺寸对伸缩臂屈曲失稳性能的影响和尺寸对稳定性敏感性进行研究。

针对组合臂架系统，利用 ANSYS 对 500t 全地面起重机固定副臂超起工况和塔式副臂超起工况进行了特征值屈曲分析及几何非线性屈曲分析；对比偏心调整架安装前后臂架系统的屈曲载荷变化；分析偏心调整架的几何尺寸及安装角度对全地面起重机组合臂架系统的稳定性的影响规律；偏心调整架与超起装置相互配合时，以组合臂架系统的稳定性为依据，分析两者的几何尺寸及安装角度之间的关系。

针对臂架的局部稳定性问题，从伸缩臂和滑块的接触非线性角度入手，用 ANSYS 软件建立了矩形截面、U 形截面、椭圆形截面三种截面形式的箱形伸缩臂与滑块搭接的有限元模型，并设置了合适的接触参数；运用 ANSYS 接触非线性分析方法研究不同工况下，矩形、U 形、椭圆形三种截面形式对伸缩臂最大应力、滑块最大应力和臂架最大位移的影响；针对椭圆形截面伸缩臂的滑块长度和支撑位置进行调整，总结其在不同工况下对椭圆形截面伸缩臂最大应力变、滑块最大应力和臂架最大位移的影响规律。

本书能成稿，感谢国家自然科学基金项目（51575370，52075356），山西省"1331 工程"重点学科建设计划，山西省应用基础研究计划项目（201901D111236），山西省研究生教育改革研究课题（2019JG161）的资助。

本书在撰写和修改期间，太原重型机械集团的多位领导都给予我大量帮助与实验支持，太原科技大学机械工程学院起重与输送教研室的孟文俊、韩刚、文豪、张亮有、陶元芳、卫良保、高有山、杨瑞刚、范小宁、孙晓霞、杨明亮、周利东、宁少慧、姚艳萍、王全伟、杨恒、袁媛、李宏娟、李淑君、戚其松、董青等多位老师给予支持与帮助，研究生佘占蛟、石国善、白艳强也做了大量的实验和文字整理工作，在此一并表示深深的感谢！

限于作者水平，文中不妥之处恳请读者批评与指正。

著　者
2021 年 9 月

目　　录

1 全地面起重机及臂架稳定性研究进展

1.1 研究背景及研究意义

1.1.1 伸缩臂发展历程

轮式起重机具有机动灵活，稳定性好，效率高，特别适用于狭窄场地作业等优点，在经济建设中的应用更加广泛[1]。科学技术的不断发展使得起重机不断向大型化、复杂化、轻柔化和高耸化方向发展[2]。随着我国风电和大型工程建设需求不断刷新，伸缩臂架起重机不断向更大吨位、更高起升高度、更快的起升速度等方向发展。

全地面起重机是一种集合了汽车起重机和越野轮胎起重机优点的高性能产品。它具有行驶速度快、多桥驱动、全轮转向、地面大间隙、较强的爬坡能力、适合复杂道路条件和无腿抬升等特点。全地面起重机也因其尖端的技术水平、超强的起重和移动能力以及广泛适用性而被称为移动式起重机"王冠上的明珠"。很多业内人士认为，它的发展必将改变全球汽车起重机市场的格局，实际上全地面起重机近些年已经成为欧美高端汽车起重机市场的主流机型。全地面起重机模型如图 1.1 所示。

目前，世界上能够生产 800t 级以上大型履带起重机的厂家主要有：德国利勃海尔（LIEBHERR）、美国特雷克斯-德马格（TEREX-DEMAG）、美国马尼托瓦克（MANITOWC）、中国三一重工、中国中联重科、日本神钢（KOBELCO）等企业。利

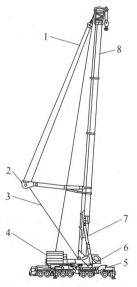

图 1.1 全地面起重机模型

1—超起拉索；2—超起撑板；3—超起后拉板；
4—配重；5—车架；6—回转装置；
7—变幅油缸；8—主臂

渤海尔公司、特雷克斯-德马格公司与马尼托瓦克公司是当今世界上专业生产起

重机的三大巨头，占有全球起重机市场的绝大多数份额。

最著名的全地面起重机有特雷克斯有 AC1000（1200t）全路面起重机（见图1.2）、利勃海尔 LTM11200（1200t）全路面起重机（见图1.3）、马尼托瓦克 GMK7550（450t）全路面起重机（见图1.4）。

图 1.2　特雷克斯 AC1000 全路面起重机

图 1.3　利勃海尔 LTM11200 全路面起重机

图 1.4　马尼托瓦克 GMK7550 全路面起重机

随着国内基建规模的扩张以及市场购买力的提高，以利勃海尔、格鲁夫、特雷克斯-德马格为代表的国外全地面起重机开始进入中国市场。在这块短板面前，以徐工、中联重科为代表的中国工程机械企业正在奋起直追。

　　世界第一台全地面起重机诞生于 20 世纪 60 年代，我国第一台国产全地面起重机由徐工于 2002 年制造。2002 年，徐工首次推出中国第一台自主研发的 25t 全地面起重机（见图 1.5）；2010 年 3 月 3 日，中国暨亚洲首台千吨级全地面起重机 SAC303（见图 1.6）在三一汽车起重机械有限公司诞生；同年 7 月，1200t 级全地面起重机 SAC12000（见图 1.7）又正式下线。

图 1.5　我国第一台国产全地面起重机 QAY25

图 1.6　三一全地面起重机 SAC303

图 1.7　三一重工 SAC12000

2010 年 11 月 23 日，在上海 Bauma China 博览会徐工集团的展位上，最大起重量为 1200t（QAY1200）的全地面起重机（见图 1.8）首次亮相，与世界巨头同规格产品同台竞争，此后徐工在 2012 年的 Bauma China 上徐工又推出了 1600t（XCA5000 型）的全地面起重机（见图 1.9）；2012 年 9 月 28 日，中联重科震撼推出最大起重能力达 2000t（QAY2000）的全地面起重机（见图 1.10），同时创造了"起重能力第一、主臂全伸长度第一、负载行驶能力第一"等三项世界纪录。至此，中国全地面起重机在最大起重能力上实现了追赶和超越。

图 1.8   徐工集团全地面起重机 QAY1200

图 1.9   徐工集团全地面起重机 XCA5000

近年来，国产起重机的一些技术指标已经可以同国外进口起重机相媲美。对于带有伸缩臂的全地面起重机来说，最大起升高度已经超过 100m，最多的伸缩臂节数达到了 8 节，最大起重量也已经超过 2000t，并且这一纪录还在不断刷新。随着全地面起重机产品不断向前发展，起升高度更高，起升重量更大，臂架结构更加细长，对端部载荷愈加敏感。由于伸缩臂大量采用高强度钢材，结构强度提高的同时却使刚度和稳定性问题日显突出，随之而来的对起重臂的承载能力的精确计算也变得越来越重要。

为提高起重机的起重作业性能，最直接的办法就是减轻起重吊臂的质量。为达此目的，首先，要有先进的吊臂设计理论，设计出刚度大、质量轻的吊臂，目

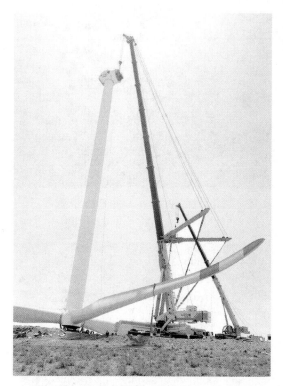

图 1.10 中联重科全地面起重机 QAY2000

前德国全地面起重机的吊臂截面形状全部为椭圆形。其次，要采用高强度钢材，国外吊臂普遍采用 960MPa 以上的钢材，有些 100t 级的起重机为减轻质量，吊臂上甚至使用了仅 4mm 厚的瑞典 SSAB 生产的 Weldox1100 型钢板。SSAB 目前正在研制 1300MPa 的超高强钢板。这样高强度的钢板，不但焊接要求非常高，成型也十分困难。

正是由于椭圆形截面吊臂制造的复杂性，吊臂的加工工艺复杂，设备利用率低，制造成本高。因此，利勃海尔、德马格、格鲁夫等伸缩臂起重机制造厂已完全放弃椭圆形截面吊臂的制造，外协给专业制造厂生产。最著名的吊臂专业制造厂是比利时的 Vlassenroot 公司。Vlassenroot 公司的户有利勃海尔、德马格、格鲁夫、多田野、加藤、PPM（法国特瑞克斯）、Link-Belt 等世界各国的起重机制造厂。Vlassenroot 生产的吊臂和车架如图 1.11 和图 1.12 所示。

目前来看，我国全地面起重机这一细分产业已初具规模，从产品设计技术的软件到加工设备、热处理工艺、焊接工艺、试验手段等制造技术的硬件，均已今非昔比。全地面起重机产品已经达到相当高的水平，但是在关键技术领域中还存在较多的不足，表现为现有的设计标准已经不能够满足设计需求，设计标准的更

图 1.11   Vlassenroot 生产的吊臂

图 1.12   Vlassenroot 生产的车架

新升级已经滞后于产品的更新换代的步伐。

当伸缩臂的材料选定、长度确定、支撑方式确定，对伸缩臂临界载荷影响最大的便是截面惯性矩。伸缩臂的截面形式、尺寸直接决定了截面惯性矩，因而研究伸缩臂的截面样式、尺寸对截面惯性矩的影响，进而研究截面样式、尺寸对临界载荷的影响以及敏感性具有重大意义，可以为以后伸缩臂的截面样式、尺寸的设计提供参考理论依据。伸缩臂发展至今，截面形式已呈现多样化，包括矩形、梯形、倒置梯形、五边形、八边形、大圆角矩形、六边形、椭圆形等[3]，如图1.13 所示。

伸缩臂的发展也经历了不同的历程[4]。吊臂伸缩形式有以下几种：

(1) 顺序伸缩机构，伸缩臂的各节臂以一定的先后次序逐节伸缩。

(2) 同步伸缩机构，伸缩臂的各节臂以相同的相对速度进行伸缩。

(3) 独立伸缩机构，各节臂能独立进行伸缩的机构。

(4) 组合伸缩机构，当伸缩臂超过三节时，可以同时采用上列的任意两种

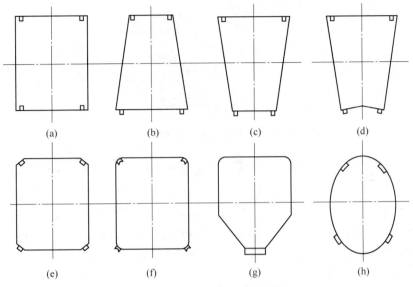

图 1.13　伸缩臂典型截面形状
(a) 矩形；(b) 梯形；(c) 倒置梯形；(d) 五边形；(e) 八边形；
(f) 大圆角矩形；(g) 六边形；(h) 椭圆形

伸缩方式进行伸缩的机构。

　　伸缩机构可以分为无销全液压伸缩机构（如图 1.14 所示）和自动插销式伸缩机构。无销全液压伸缩机构有不同的组合形式，可以是多液压缸、多液压缸加一级绳排，可以是单液压缸或多液压缸加两级绳排。

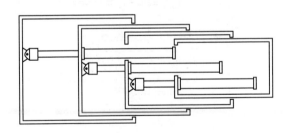

图 1.14　四节臂的多液压缸伸缩技术

　　四节臂小吨位的汽车起重机的吊臂伸缩技术普遍采用的是单缸加绳排伸缩技术，如图 1.15 所示。

　　绳排系统在中国已经应用的比较成熟，也是一种历史比较悠久的技术。此技术的优点是臂长变化容易、工作臂长种类多、可以带载伸缩、实用性很强，缺点是自重重、对整机稳定性的影响较大。在 100t 以下的起重机上应用的比较广泛，

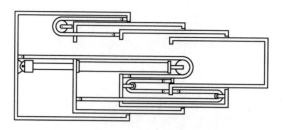

图 1.15　四节臂的单缸加绳排伸缩技术

其原理如图 1.16 所示。对于四节臂以上起重臂的伸缩机构又分为以下两种：多缸或多级缸加一级绳排、单缸或多缸加两级绳排。DEMAG 和 TADANO 部分产品采用这伸缩机构，这种伸缩机构的特点是最末一节伸缩臂采用钢丝绳伸缩，其他伸缩臂采用多级缸或多个单级缸或多级缸和单级缸套用等方式直接用液压缸伸缩。因而最末伸缩臂的截面变化较大，其他臂节截面的变化较小。

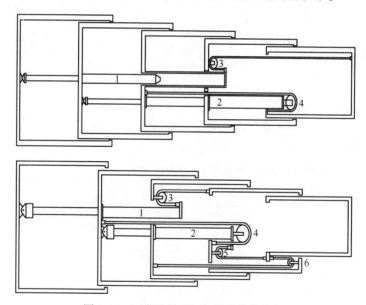

图 1.16　五节臂的双缸加绳排伸缩技术

　　第二种伸缩机构，使用单缸或双缸加绳排实现四节或五节臂的伸缩。这种伸缩方式在国内最先进，但解决五节臂以上起重臂的伸缩难度很大。由于技术落后，第二缸、第三缸的进回油依靠软管卷筒输送。现在，大多数 5 节臂的起重机使用的是双缸双绳排的技术，一般为第 2 节臂独立伸缩，第 3.4.5 节臂同步伸缩；4 节臂的一般单缸双绳排为 2.3.4 节同步伸缩。其局限性在于最末一、二节伸缩臂采用钢丝绳伸缩，其他伸缩臂用油缸伸缩，因而最末伸缩臂的截面变化较大，大大降低了起重机在大幅度下的起重性能；同时，对于大吨位的起重机，对钢丝绳的要求也非常高，符合要求钢丝绳非常难加工。虽然有些日本企业有将绳排技术发展到 6 节甚至更多，但是对于中大吨位起重机，一般企业还是优先考虑单缸插销技术。

单缸插销式伸缩臂技术是典型的机、电、液一体化系统[5]。以较典型的德国利勃海尔为例，作为伸缩臂伸缩的执行机构，主要由伸缩油缸、吊臂互锁机构、吊臂销、油缸销等组成（见图 1.17），为保证伸缩臂伸缩过程的安全性、可靠性，该机构采用内置式互锁系统即在伸缩油缸上装的弹簧驱动缸销销定伸缩臂后，才机械释放该节臂和其他节臂的连接[6]。该方式确保某一节伸缩臂和伸缩油缸互相锁定后才能释放该节臂和其他节臂的连接[7]。利勃海尔将拔销装置置于伸缩机构上方，其优点是结构简单，自锁性强，便于实现；格鲁夫 GROVE、德马格（DEMAG）、多田野（TADANO&FAUN）将拔销装置置于伸缩机构两侧，

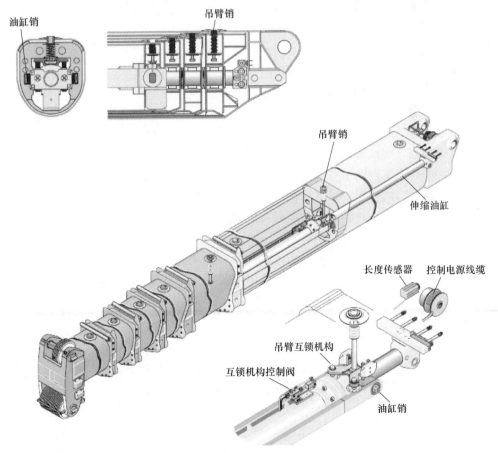

图 1.17　单缸插销式伸缩臂技术

结构布置上比较困难，对加工、装配精度要求高，插拔销难度相对较大。缸销则都布置在伸缩机构的侧方。单缸伸缩机构要求动作灵活、可靠性高、响应速度快、互锁性好，否则，很难实现吊臂的可靠伸缩。此技术采用单缸、互锁的缸销和臂销、精确测长电子技术，优点是重量最轻，对整机稳定性的影响最小，但技术难度大、成本较高、臂长种类少、伸缩时间长、臂长变化时麻烦。现在，徐工和浦沅等国内企业也成功研制出了此项技术，采用的是和利勃海尔相似的拔销装置置于伸缩机构上方的形式。

伸缩主臂采用单缸插销式伸缩机构，具体形式如图 1.17 所示，在伸缩臂内部安装一个几乎与基本臂等长的液压油缸，以及可以互锁的缸销和臂销。单缸插销机构的吊臂上都开有臂销孔，如图 1.18 所示，除了顶节臂之外的其余每一节臂的上盖板上面都配置了 4 个销孔，分别对应 0%、46%、92% 和 100% 的行程。在吊臂伸出过程中，首先，通过安装在伸缩臂尾部的感应块与插销机构上的接近开关，识别位置信号寻找需要伸出的臂节。然后，

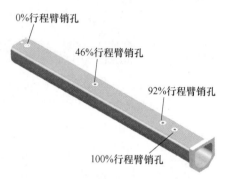

0%行程臂销孔
46%行程臂销孔
92%行程臂销孔
100%行程臂销孔

图 1.18 插销式伸缩臂上的销孔

伸缩油缸上的插销机构的缸销进入该节臂尾部缸销孔实现连接，然后该节伸缩臂上的臂销拔出，使该节伸缩臂处于自由状态，油缸伸缩到目标位置后，臂销再插到指定臂销孔内实现两节臂间的锁定，最后缸销拔出，油缸继续伸出以同样的方式完成其他臂节的伸出。单缸插销技术可实现伸缩臂上四种行程的任意组合。在缩臂过程中，首先，将插销机构送到对应的缸销空与臂销处，使缸销插入缸销孔并锁死。然后，二节臂尾部的臂销与一节臂指定位置的臂销孔脱开，缩回油缸，油缸回缩到位后同样启动插销机构使得二节臂臂尾的销轴进入一节臂臂尾的 0% 臂销孔并锁死，这样二节臂与一节臂成为一体，完成了二节臂的缩回，最后拔出缸销，脱离二节臂，伸缩油缸继续伸长完成三节臂的缩回。以此类推直到完成所有臂节的回缩。

在伸缩臂伸出和回缩的工程中，只有运动的相邻两臂节的臂销会打开，其他臂节的臂销都是锁死状态，且在伸缩过程中，缸销和臂销总有一个处于锁死状态。与油缸+绳排方式的伸缩方式不同，即伸出时截面小的臂先出，回缩时截面大的臂先回，这样保证了伸缩油缸在工作时始终处于伸缩臂架根部，避免在起重机工作时，伸缩油缸承受弯矩。为解决起重机工作工程中由于臂架变形造成的臂销难以拔出的问题，利勃海尔已经提出了将臂销孔装在腹板上的解决方案，并投入使用。

1.1.2 课题背景及研究意义

全地面起重机具有高效的短距转场能力，广泛地被应用于风电设备安装、建筑施工等各项工程中。伸缩臂是全地面起重机最重要的部件之一，直接影响到整机的性能，决定了起升货物的能力。全地面起重机的起吊能力是随幅度而变化的，在小幅度时，起吊能力是由臂架的强度决定，而大幅度时是由起重机整体稳定性决定，其中臂架的稳定性尤为重要。随着用户对全地面起重机的起重量和起升高度要求越来越高，伸缩臂的全伸长度越来越长，此时伸缩臂的稳定性显得尤为突出。从大量轮胎起重机折臂事故案例中显示，伸缩臂的失效不是强度不够，而大部分是由失稳造成的，所以研究伸缩臂的稳定性具有重大意义。伸缩臂的稳定性主要研究内容包括失稳形态和屈曲临界载荷。

目前我国对中小型轮胎式起重机伸缩臂的设计已相对成熟，但对五节臂以上大型全地面起重机伸缩臂的设计在《起重机设计规范》（GB/T 3811—2008）中暂无相应规范，仍处于摸索探究阶段。伸缩臂自重占了整机的13%～20%，对于大型全地面起重机伸缩臂占的比重会更大。未起吊重物之前因自重已产生了初始下挠，伸缩臂在制造、运输、安装过程中产生变形在所难免，这些初始缺陷将导致伸缩臂的屈曲临界载荷下降，且不同的程度的初始缺陷导致下降的程度亦不同。屈曲分析可分为线性屈曲（特征值屈曲）和非线性屈曲，线性屈曲分析是基于线弹性理想结构的假设而进行的分析，求出的临界载荷属于屈曲临界载荷的上限值不保守，在实际工程中很少采用，因而考虑初始缺陷而进行的非线性屈曲分析更符合实际。为了提高伸缩臂的屈曲稳定性各大厂纷纷选择在臂架上加装超起装置[8]，但由于我国在这方面起步晚，且受国外技术封锁，特别是大型全地面起重机超起装置的设计尚在探索阶段还不成熟，也没有相应设计规范。所以研究超起装置及相应几何尺寸对伸缩臂的屈曲稳定性影响对研发大型或超大型全地面起重机伸缩臂具有十分重要的意义。

1.2　国内外研究现状、水平和发展趋势

1.2.1　Euler 临界载荷

早在18世纪中期，Euler发现细长杆件受压时，当加载的压力达到一定值但远未达到杆件的破坏极限时杆件便出现了大挠曲位移而破坏失效，Euler称这样的现象为结构失稳，结构稳定问题被首次提出，Euler在结构稳定理论领域做出了突出的贡献，开启了结构稳定理论研究的先河，人们把Euler提出的稳定问题成为Euler稳定理论，将压杆失稳临界力称为Euler临界力以表彰他对结构稳定研究的贡献[9]。

压杆的 Euler 临界力，可由研究理想柱的挠曲而得到。理想柱只承受中心压力，其下端铅直地固定于基础，而顶端自由且承受一轴向力 P（图 1.19（a））。假设柱完全弹性，且应力不超过比例极限。若负载 P 小于它的临界值，柱将保持直线，柱只承受轴向压缩，则弹性平衡是稳定的。如果有一横向力作用，使柱有一小的挠曲，而当这横向力除去后，挠度就消失，杆又变成直的。

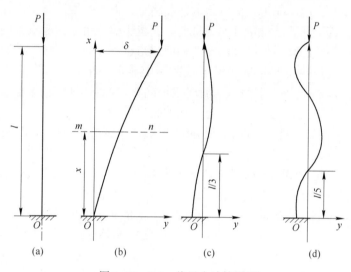

图 1.19   Euler 临界力计算模型

逐渐地增加力，将会达到这样的状况，使得柱的直的平衡位置变为不稳定，一很小的横向力就会产生挠曲，并且当横向力除去后这挠曲并不消失。于是，足以使杆保持一微小的弯曲形状的轴向力定义为 Euler 临界力。

运用挠度曲线的微分方程可以计算出 Euler 临界力。取如图 1.19（b）所示的坐标轴，设柱有一微小的挠曲，任何横截面 mn 的弯矩为 $M = -P(\delta - y)$，于是挠度曲线的微分方程（1.3）成为

$$EI \frac{\mathrm{d}^2 y}{\mathrm{d}x^2} = -P(\delta - y) \tag{1.1}$$

记

$$k^2 = \frac{P}{EI} \tag{1.2}$$

方程即可写成

$$\frac{\mathrm{d}^2 y}{\mathrm{d}x^2} + k^2 y = k^2 \delta \tag{1.3}$$

根据柱的边界条件：

$$y = \delta(1 - \cos kx) \tag{1.4}$$

则必须有：

$$kl = (2n + 1) \frac{\pi}{2} \tag{1.5}$$

式中，$n = 1$，2，$3\cdots$。此方程决定了对可以存在的屈曲形式的 kl 值，相应的 P 即为最小临界值。

取 $n = 1$ 得适合方程（1.5）的最小 kl 值，相应的 P 值即为是小临界载荷。由此得：

$$P_{cr} = \frac{\pi^2 EI}{4l^2} \tag{1.6}$$

这就是如图 1.19 所示的最小临界载荷，也就是可以使柱保持最小弯曲的最小轴向力。

此时，式（1.4）就变成了：

$$y = \delta\left(1 - \cos\frac{\pi x}{2l}\right) \tag{1.7}$$

这就是理想柱的挠曲线方程。

如果将 $n = 2$，$3\cdots$ 代入方程，可得相应的临界力值为：

$$P_{cr} = \frac{9\pi^2 EI}{4l^2} \, , \, P_{cr} = \frac{25\pi^2 EI}{4l^2} \, , \, \cdots$$

也就是方程（1.4）的解 kx，在 0，$3\pi/2$，$5\pi/2$，$\cdots$ 之间变化，其相应的挠曲线如图 1.19（c）及（d）所示。对于图 1.19（c）中所示的形状，所需的载荷为临界载荷的 9 倍，对于图 1.19（d）中所示的形状，所需的载荷为临界载荷的 25 倍。要产生这种情况，必须用一根很细的杆，否则达不到这种形式的屈曲，这种屈曲也是不稳定的，也没有实际的意义。

1.2.2 受非保向力牵绳作用下吊臂临界载荷

工程实际中，由于钢丝绳的牵引作用使得吊臂平面外所受载荷为过一定点的拉力，即指向钢丝绳支撑点的钢丝绳牵引力，即非保向力。此时的稳定问题与欧拉稳定情形不一样，因为在吊臂屈曲时在吊臂端部有一侧向分力 F_y 的作用，其大小为钢丝绳牵引力的侧向分力，即 $F_y = P\delta/C$，如图 1.20 所示[11]。

经过研究，S. P. Timoshenko 给出了其失稳特征方程及失稳模态：

$$\tan kl = kl\left(1 - \frac{C}{l}\right) \tag{1.8}$$

当 C 和 l 的长度相比有如下关系时：

（1）$C > l$ 如图 1.20（a）所示，则方程右边为负，而满足式（1.8）的最小

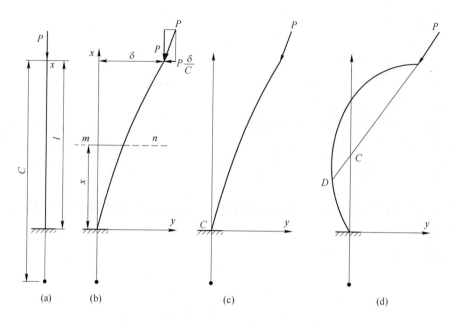

图 1.20 非保向力作用下的吊臂的失稳

值 $\dfrac{\pi}{2} < kl < \pi$ ，这意味着临界载荷大于先前所得的 $P_{cr} = \dfrac{\pi^2 EI}{4l^2}$ 。这是由于横向力 $\dfrac{P\delta}{C}$ 抵抗横向屈曲的倾向，因而柱可以承受更大的临界载荷。若 C 增大，则 kl 的值趋近于 $\dfrac{\pi}{2}$ ，而当 C 最后成为无限地大时，得 $kl = \dfrac{\pi}{2}$ ，$P_{cr} = \dfrac{\pi^2 EI}{4l^2}$ 这与以前载荷保持铅直时的结果相同。

（2）$C = l$ 即固定点 C 与杆的下端重合，如图 1.20（c）所示，则方程右边为零，$kl = \pi$ ，$P_{cr} = \dfrac{\pi^2 EI}{l^2}$ 这与屈曲的基本情形相同，这是由于当 P 的作用线通过柱的底部时，该点的弯矩为零，故该杆与两端铰接杆的情形相同（$\mu = 1$，μ 为长度系数）。

（3）$C < l$ 即固定点 C 与杆的下端重合，如图 1.20（d）所示，则方程右边为正值，而满足方程 $\pi < kl < \dfrac{3\pi}{2}$ ，于是挠曲线有一反曲点 D 。

（4）$C = 0$，$\tan kl = kl$ 这相当于是上端铰接下端固定的杆（$\mu = 0.7$）。

可见，钢丝绳的牵引作用对吊臂的平面外稳定性具有很大的影响，实际工程中使用的钢丝绳牵引结构往往能提高吊臂的平面外稳定性，但随着工程的扩大钢丝绳的牵引形式也不断的变化，复杂化的钢丝绳牵引系统对吊臂稳定性的影响需要更进一步的分析研究。

1.2.3 瑞利-李兹法求解理想柱欧拉临界力

根据势能驻值原理，在满足平衡条件真实的位移使结构的势能为驻值，即结构势能的一阶变分为零，使用能量法可以确定临界荷载。不论柱的变形是大挠度变形还是小挠度变形，此临界载荷都可以使用此法时进行求解。这里使用式（1.4）作为理想柱失稳后的挠曲线[12]。

理想柱的弯曲应变能为：

$$\Delta U = \int_0^l \frac{M^2 \mathrm{d}x}{2EI} = \int_0^l \frac{P^2 \delta^2}{2EI} \cos^2 \frac{\pi x}{2l} \mathrm{d}x = \frac{P^2 \delta^2 l}{4EI}$$

$$(1.9)$$

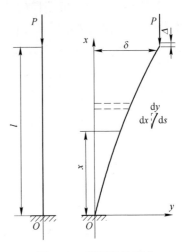

图 1.21　理想柱的挠曲

外力势能为 V，这里使用如图 1.21 所示的 $\mathrm{d}s$ 的近似：

$$V = -P\Delta = -P(\mathrm{d}s - \mathrm{d}x) = -P\left[\mathrm{d}x\sqrt{1 + \left(\frac{\mathrm{d}y}{\mathrm{d}x}\right)^2} - \mathrm{d}x\right]$$

$$\approx -\frac{P}{2}\left(\frac{\mathrm{d}y}{\mathrm{d}x}\right)^2 \mathrm{d}x = -\frac{\pi^2 P \delta^2}{16l}$$

$$(1.10)$$

结构的势能为：

$$E_\mathrm{P} = \Delta U + V$$

$$(1.10)$$

由势能驻值原理 $\dfrac{\mathrm{d}E_\mathrm{P}}{\mathrm{d}\delta} = 0$ 可得：

$$P_\mathrm{cr} = \frac{\pi^2 EI}{(2l)^2}$$

$$(1.11)$$

1.2.4 能量法及在国家标准中的应用

等截面柱并不是最经济的承载结构形式。在起重机伸缩臂架中，截面常常是突然改变的，伸缩臂截面通常由钢板模压和焊接组成，因而阶梯柱状是伸缩臂目前最合理的结构。要求解阶梯柱的临界力值，就必须对于柱的每一段分别列出挠度曲线的微分方程。

我国起重机行业设计研究人员对起重机箱形伸缩臂的稳定性计算分析最早采用的是变截面阶梯柱模型。先假定变形曲线，再通过内外能量平衡，得到欧拉临界力的计算公式与图表。20 世纪 80 年代初，顾迪民、陆念力采用能量法推导出了《起重机设计规范》（GB/T 3811—1983）中箱形伸缩臂稳定性。将伸缩臂简化为阶梯柱模型如图 1.14 所示。假定变形曲线为 y ，用能量理论方法通过内外能量平衡，求得欧拉临界力[13]。

如图 1.22 所示，n 阶阶梯柱的总长为 $l_n = l$ ，从阶梯柱的根部到第 i 阶阶梯柱的顶端的长度为 l_i ，第 i 阶阶梯柱的惯性矩为 I_i 。P 为伸缩臂顶端承受的轴力，且 P 的方向保持不变，δ 为伸缩臂顶端的侧向位移，假设轴力和弯矩全部由伸缩臂承受。

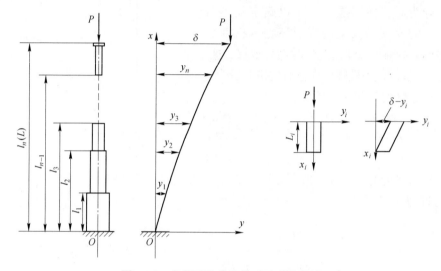

图 1.22　变截面阶梯柱模型及受力简图

这里设

$$
\begin{cases}
l_1 = \alpha_1 l_n = \alpha_1 L \\
l_2 = \alpha_2 l_n = \alpha_2 L \\
\quad\quad\vdots \\
l_{n-1} = \alpha_{n-1} l_n = \alpha_{n-1} L \\
l_n = \alpha_n l_n = \alpha_n L
\end{cases}
\tag{1.12}
$$

式中　I_i ——第 i 节伸缩臂的截面惯性矩，m^4 ，$i = 1, 2, 3, \cdots, n$ ；

　　　l_i ——第 i 节伸缩臂顶部到吊臂根部的长度，m，$i = 1, 2, 3, \cdots, n$ 。

假设挠曲线近似仍为理想柱的挠曲线；这里 $l_n = L$。

把式 (1.8)、式 (1.12) 代入弯曲应变能中，得

$$
\begin{aligned}
\Delta U &= \int_0^{l_1} \frac{M^2}{2EI_1}\mathrm{d}x + \int_{l_1}^{l_2} \frac{M^2}{2EI_2}\mathrm{d}x + \cdots + \int_{l_{i-1}}^{l_i} \frac{M^2}{2EI_i}\mathrm{d}x + \cdots + \int_{l_{n-1}}^{l_n} \frac{M^2}{2EI_n}\mathrm{d}x \\
&= \frac{P^2\delta^2}{4EI_1} \sum_{i=1}^{n} \frac{I_1}{I_i} \left[\frac{1}{\pi} \left(\sin\frac{\pi l_i}{l} - \sin\frac{\pi l_{i-1}}{l} \right) + (l_i - l_{i-1}) \right]
\end{aligned}
\tag{1.13}
$$

注：式（1.12）中，$l_0 = 0$。如果外力势能继续使用式（1.9），由势能驻值原理 $\dfrac{\mathrm{d}E_\mathrm{P}}{\mathrm{d}\delta} = 0$ 可得：

$$P_\mathrm{cr} = \frac{\pi^2 E I_1}{4l^2} \cdot \frac{1}{\displaystyle\sum_{i=1}^{n} \frac{I_1}{I_i}\left[\frac{1}{\pi}\left(\sin\frac{\pi l_i}{l} - \sin\frac{\pi l_{i-1}}{l}\right) + (l_i - l_{i-1})\right]} \tag{1.14}$$

相对于单端约束的柱来说，可以把柱的截面的变化以长度系数 μ_2 来进行考虑：

$$P_\mathrm{cr} = \frac{\pi^2 E I_1}{(2\mu_2 l)^2} \tag{1.15}$$

阶梯柱的长度系数 μ_2 为：

$$\mu_2 = \sqrt{\sum_{i=1}^{k} \frac{I_1}{I_i}\left[\frac{1}{\pi}\left(\sin\frac{\pi l_i}{l} - \sin\frac{\pi l_{i-1}}{l}\right) + \left(\frac{l_i - l_{i-1}}{l}\right)\right]} \tag{1.16}$$

到目前为止，此公式还依然在许多教科书当中出现，作为截面的变化以长度系数 μ_2 的最基本的计算方法，但当截面变化超过 5 次时，其误差明显变大。

考虑到二次曲线与余弦函数的接近性，都亮、陆念力等[12]提出使用抛物线来假设挠曲线。

$$y = \delta \frac{x^2}{l^2} \tag{1.17}$$

弯曲应变能为：

$$\Delta U = \int_0^{l_1} \frac{M^2}{2EI_1}\mathrm{d}x + \int_{l_1}^{l_2} \frac{M^2}{2EI_2}\mathrm{d}x + \cdots + \int_{l_{i-1}}^{l_i} \frac{M^2}{2EI_i}\mathrm{d}x + \cdots + \int_{l_{n-1}}^{l_n} \frac{M^2}{2EI_n}\mathrm{d}x$$

$$= \frac{P^2\delta^2}{2l^4 E}\left[\frac{8l^5}{15I_n} + \sum_{i=1}^{n-1}\left(\frac{1}{I_i} - \frac{1}{I_{i+1}}\right)\left(l^4 l_i - \frac{2}{3}l^2 l_i^3 + \frac{l_i^5}{5}\right)\right] \tag{1.18}$$

$$\Delta T = \frac{P}{2}\int_0^l \left(\frac{\mathrm{d}y}{\mathrm{d}x}\right)^2 \mathrm{d}x = \frac{2}{3}\frac{P\delta^2}{l} \tag{1.19}$$

$$\mu_2 = \sqrt{\frac{3\pi^2 I_1}{16l^5}\left[\frac{8l^5}{15I_n} + \sum_{i=1}^{n-1}\left(\frac{1}{I_i} - \frac{1}{I_{i+1}}\right)\left(l^4 l_i - \frac{2}{3}l^2 l_i^3 + \frac{l_i^5}{5}\right)\right]} \tag{1.20}$$

由于使用了抛物线近似，与真实的屈曲曲线相差较大，这种长度系数 μ_2 的最基本的计算方法，也只能用于截面变化较小的情况，其误差明显变大。

1.2.5 考虑油缸支撑作用的变截面箱形伸缩臂模型

刘士明、陆念力等研究了考虑油缸支撑作用以及臂间摩擦力影响的伸缩臂的临界力的计算方法[14]。图 1.23 为单伸缩油缸支撑的 n 节伸缩臂模型及其受力简图，其伸缩臂不传递轴向力只承受弯矩，轴向力由伸缩油缸承受。起重机箱形伸缩臂各个臂节间是通过滑块来实现其轴向移动的，由于搭接滑块的存在，在各个臂节搭接处存在摩擦力，因此，起重机箱形伸缩臂在承受弯矩的同时还承受一定的轴向力，其轴向力大小由搭接滑块处的最大静摩擦力所决定，另一部分的轴向力由伸缩臂内部的支撑油缸所承受，如图 1.24 所示。但这种伸缩油缸的布置方

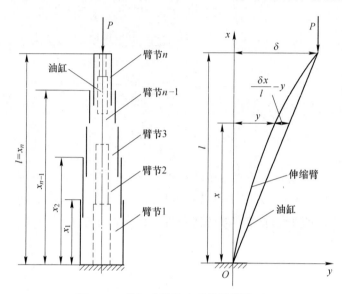

图 1.23 单缸支撑的多节伸缩臂模型

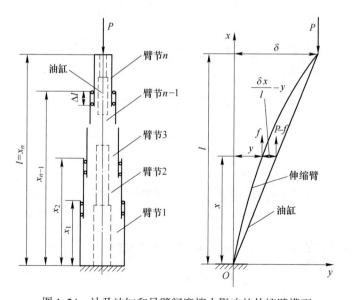

图 1.24 计及油缸和吊臂间摩擦力影响的伸缩臂模型

法不适用于起升高度较大的工程起重机, 因为油缸自身的自重大, 伸缩油缸本身的稳定性都有一定问题, 不适用于大起重量和较多节伸缩臂, 因而这种计算方法适用范围较小。

1.2.6 变截面压杆稳定性分析的矩阵传递法

常用的压杆稳定性是通过小变形挠曲线微分方程来求解压杆临界力的。其中, 变量只涉及挠度。对不同的端部约束条件, 相应的微分方程不同。对于像起重机伸缩臂这种阶梯杆, 由于各段杆的刚度不同, 对各段必须分别建立相应的挠曲线近似微分方程, 并将各段杆连接处都作为边界逐段推导, 求得通解; 然后才能得到最终欧拉临界力。段数越多, 求解越繁琐。

张煜等[15]把压杆的挠度、转角、弯矩和剪力表示为一个向量, 称之为状态向量[16]。建立等直压杆状态向量的微分方程, 求上、下端状态向量关系的普遍方程可以适用于各种不同杆端约束条件。对于阶梯杆, 可以通过各单元传递矩阵的相乘, 获得阶梯杆上、下端状态向量的关系, 只需代入上、下端约束条件, 即可方便地求得压杆临界力。

图 1.25 所示为一均质等直杆, E、I 分别为杆的弹性模量、惯性矩。杆横截面受到挠度 y、转角 θ、弯矩 M 及剪力 Q。其截面状态向量为 $[y, \theta, M, Q]^{\mathrm{T}}$, 坐标系 Oxy 的原点取在杆的上端。上端状态向量表示为 $[y^u, \theta^u, M^u, Q^u]$, 下端状态向量表示为 $[y^b, \theta^b, M^b, Q^b]$, 它们满足以下方程:

$$\begin{cases} Q = Q^u \\ M = M^u + Q^u x + P(y^u - y) \end{cases} \quad (1.21)$$

并且满足以下微分方程组:

$$\begin{cases} \dfrac{\mathrm{d}y}{\mathrm{d}x} = \theta \\[2mm] \dfrac{\mathrm{d}\theta}{\mathrm{d}x} = \dfrac{M}{EI} \\[2mm] \dfrac{\mathrm{d}M}{\mathrm{d}x} = Q - P\theta \\[2mm] \dfrac{\mathrm{d}Q}{\mathrm{d}x} = 0 \end{cases} \quad (1.22)$$

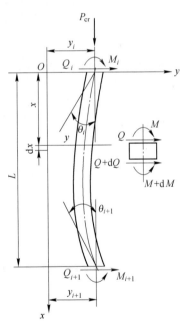

图 1.25 变截面压杆稳定性分析的
矩阵传递法简图

即

$$\frac{\mathrm{d}}{\mathrm{d}x}\begin{bmatrix} y \\ \theta \\ M \\ Q \end{bmatrix} = \begin{bmatrix} 0 & 1 & 0 & 0 \\ 0 & 0 & \dfrac{1}{EI} & 0 \\ 0 & -P & 0 & 1 \\ 0 & 0 & 0 & 0 \end{bmatrix}\begin{bmatrix} y \\ \theta \\ M \\ Q \end{bmatrix} \tag{1.23}$$

根据轴向受压阶梯折算法，屈曲挠度可以表达为：

$$[y^b,\ \theta^b,\ M^b,\ Q^b] = T[y^u,\ \theta^u,\ M^u,\ Q^u] \tag{1.24}$$

式中，EI 为杆的抗弯刚度。方程组（1.24）可以改写成以下矩阵形式，引入符号 $S = [y,\ \theta,\ M,\ Q]^{\mathrm{T}}$ 和矩阵

$$A = \begin{bmatrix} 0 & 1 & 0 & 0 \\ 0 & 0 & \dfrac{1}{EI} & 0 \\ 0 & -P & 0 & 1 \\ 0 & 0 & 0 & 0 \end{bmatrix} \tag{1.25}$$

S 称为状态向量，方程（1.23）可以改写成如下的状态向量的微分方程

$$\frac{\mathrm{d}S}{\mathrm{d}x} = AS \tag{1.26}$$

解此微分方程，可以得到

$$S^b = e^{Ax}S^u \tag{1.27}$$

式中，S^u 为杆上端的状态向量。将 $x = L$ 代入式（1.27），要得到杆下端状态向量 S^b 与杆上端状态向量 S^u 的关系式

$$S^b = e^{AL}S^u \tag{1.28}$$

引入符号 $T = e^{AL}$，方程（1.28）可以改写成如下形式

$$S^b = TS^u \tag{1.29}$$

或

$$\begin{bmatrix} y_b \\ \theta_b \\ M_b \\ Q_b \end{bmatrix} = \begin{bmatrix} t_{11} & t_{12} & t_{13} & t_{14} \\ t_{21} & t_{22} & t_{23} & t_{24} \\ t_{31} & t_{32} & t_{33} & t_{34} \\ t_{41} & t_{42} & t_{43} & t_{44} \end{bmatrix}\begin{bmatrix} y^u \\ \theta^u \\ M^u \\ Q^u \end{bmatrix} \tag{1.30}$$

式中，T 称为传递矩阵。方程（1.30）中的各元素可以通过 e^{AL} 展开成泰勒级数得到：

$$T = e^{AL} = I + AL + \frac{1}{2!}A^2L^2 + \frac{1}{3!}A^3L^3 + \cdots + \frac{1}{n!}A^nL^n + \cdots \tag{1.31}$$

其中，$\boldsymbol{I}$ 是单元矩阵。对于任意的 $\boldsymbol{A}$ 矩阵，上述级数都是收敛的。通过表达式（1.31）可以推出 t_{ij} 的结果。令 $k^2=\frac{P}{EI}$ 可以得到 A^2, A^3, A^4，…… 由此可以求得 t_{ij} 的值，将求得的 t_{ij} 值代入方程（1.30），得到

$$\begin{bmatrix} y_b \\ \theta_b \\ M_b \\ Q_b \end{bmatrix} = \begin{bmatrix} 1 & \frac{1}{k}\sin kL & -\frac{1}{P}(\cos kL-1) & -\frac{1}{kP}(\sin kL-kL) \\ 0 & \cos kL & \frac{k}{P}\sin kL & -\frac{1}{P}(\cos kL-1) \\ 0 & -\frac{P}{k}\sin kL & \cos kL & \frac{1}{k}\sin kL \\ 0 & 0 & 0 & 1 \end{bmatrix} \begin{bmatrix} y^u \\ \theta^u \\ M^u \\ Q^u \end{bmatrix} \tag{1.32}$$

对于阶梯杆分为 n 段，每段都有一相应的抗弯刚度 E_iI_i，如图 1.26 所示[18]。

第 i 段上、下端的矩阵传递关系如下

$$\boldsymbol{S}_i^b=\boldsymbol{T}_i\boldsymbol{S}_i^u \tag{1.33}$$

其中 $\boldsymbol{T}_i$ 是第 i 段的传递矩阵。

与第 i 段相邻的第 $i+1$ 段的矩阵传递关系如下

$$\boldsymbol{S}_{i+1}^b=\boldsymbol{T}_{i+1}\boldsymbol{S}_{i+1}^u \tag{1.34}$$

根据连接截面的连续条件

$$\boldsymbol{S}_{i+1}^u=\boldsymbol{S}_i^b \tag{1.35}$$

可以得到

$$\boldsymbol{S}_{i+1}^b=\boldsymbol{T}_{i+1}\boldsymbol{T}_i\boldsymbol{S}_i^u \tag{1.36}$$

依此类推，可以推出阶梯杆的上下端状态向量的传递方程

$$\boldsymbol{S}_n^b=T_nT_{n-1}\cdots T_2T_1\boldsymbol{S}_1^u=\boldsymbol{T}\boldsymbol{S}_1^u \tag{1.37}$$

其中 $\boldsymbol{T}$ 是阶梯杆的累积传递矩阵

$$\boldsymbol{T}=T_nT_{n-1}\cdots T_2T_1 \tag{1.38}$$

将边界条件代入方程（1.38），可以容易地求得任意阶梯杆的压杆临界力。

由以上推导可得到如图 1.27 所示 n 阶阶梯杆稳定性矩阵传递法稳定性的特征方程。

1 阶阶梯杆稳定性的特征方程为：

$$\cos(k_1l_1)=0 \tag{1.39}$$

2 阶阶梯杆稳定性的特征方程为：

$$\tan(k_1l_1)\tan(k_2l_2)=\frac{k_1}{k_2} \tag{1.40}$$

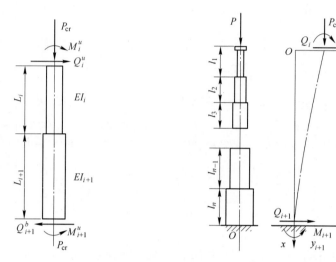

图 1.26　n 阶阶梯杆稳定性矩阵传递法推导图　　图 1.27　n 阶阶梯杆稳定性矩阵传递法简图

3 阶阶梯杆稳定性的特征方程为：

$$
\cos(k_3 l_3)\left[\cos(k_1 l_1)\cos(k_2 l_2) - k_2\sin(k_2 l_2)\frac{1}{k_1}\sin(k_1 l_1)\right] -
$$
$$
k_3\sin(k_3 l_3)\left[\frac{1}{k_1}\sin(k_1 l_1)\cos(k_2 l_2) + \frac{1}{k_2}\cos(k_1 l_1)\sin(k_2 l_2)\right] = 0 \tag{1.41}
$$

4 阶阶梯杆稳定性的特征方程为：

$$
\cos(k_4 l_4)\left\{\cos(k_3 l_3)\left[\cos(k_1 l_1)\cos(k_2 l_2) - \frac{k_2}{k_1}\sin(k_1 l_1)\sin(k_2 l_2)\right] - \right.
$$
$$
\left. k_3\sin(k_3 l_3)\left[\frac{1}{k_1}\sin(k_1 l_1)\cos(k_2 l_2) + \frac{1}{k_2}\cos(k_1 l_1)\sin(k_2 l_2)\right]\right\} -
$$
$$
k_4\sin(k_4 l_4)\left\{\cos(k_3 l_3)\left[\frac{1}{k_1}\sin(k_1 l_1)\cos(k_2 l_2) + \frac{1}{k_2}\cos(k_1 l_1)\sin(k_2 l_2)\right] + \right.
$$
$$
\left. \frac{1}{k_3}\sin(k_3 l_3)\left[\cos(k_1 l_1)\cos(k_2 l_2) - \frac{k_2}{k_1}\sin(k_1 l_1)\sin(k_2 l_2)\right]\right\} = 0 \tag{1.42}
$$

依此类推，可得 n 阶阶梯杆稳定性的特征方程的递推公式为：

$$
S(n) = \cos(k_n l_n)P(n) - k_n\sin(k_n l_n)Q(n) \tag{1.43}
$$
$$
P(n) = s(n-1) = \cos(k_{n-1} l_{n-1})P(n-1) - k_{n-1}\sin(k_{n-1} l_{n-1})Q(n-1) \tag{1.44}
$$
$$
Q(n) = \cos(k_{n-1} l_{n-1})Q(n-1) + \frac{1}{k_{n-1}}\sin(k_{n-1} l_{n-1})P(n-1) \tag{1.45}
$$

其中，$P(1) = 1$，$Q(1) = 0$。

孙建鹏等[18]也使用传递矩阵法对阶梯柱的临界力进行了研究，但这类方法目前也只能用于阶数较少的阶梯柱，在阶数较高的阶梯柱使用该方法也会出现较大的误差。

1.2.7　变截面阶梯柱模型的精确有限单元法

陆念力、兰朋等从纵横弯曲状态下的二阶理论着手推导精确的梁单元有限元法[19]，如图 1.28 所示。

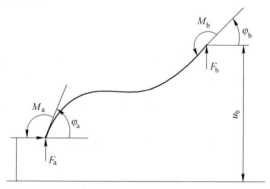

图 1.28　压弯梁单元图

在二阶压弯梁单元的精确刚度阵在非线性情况下，梁杆结构失稳条件为其刚度阵行列式值为零。由单元刚度矩阵组装成结构刚度阵后，即可根据刚度阵行列式为零的失稳条件得到失稳特征方程，由此解出临界轴力系数 ε_{cr} 及对应临界力 P_{cr}

$$P_{cr} = \frac{\varepsilon_{cr}EI}{l^2} \tag{1.46}$$

对于变截面阶梯柱，如图 1.29 所示，结构失稳的条件是组合后的刚度系数阵的行列式值为零。当从失稳条件式中解出任意第 i 稳单元的轴力系数 ε_i 后，即

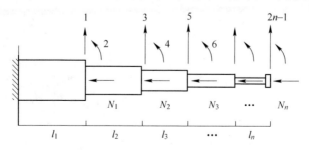

图 1.29　变截面阶梯柱计算简图

可确定系统整体失稳时该单元临界轴力

$$P_i = \frac{\varepsilon_i^2 E I_i}{l_i^2} \tag{1.47}$$

由单元轴力 P_i 与外载荷 $N_i (i = 1, 2, 3, \cdots, n)$ 的比例关系，可确定系统失稳时的外载荷 N。

根据这种求解临界力的方法可以求解出变截面阶梯柱的长度系数 μ_2，现行国家标准《起重机设计规范》（GB/T 3811—2008）中长度系数 μ_2 就是用这种方法计算出来的。

1.2.8　牵绳非保向力作用下的伸缩臂稳定性分析

在工程起重机中，特别是对大吨位的起重机，为优化吊臂结构的受力，起重机吊臂通常都有牵引钢丝绳或拉索的牵引作用，如动臂式起重机中的变幅钢丝绳、水平臂式起重机中的吊点钢丝绳和伸缩臂式起重机的超起钢丝绳或拉索等。由于钢丝绳或拉索的牵引作用，起重机吊臂在起升平面外受非保向力的作用，其稳定性计算模型将发生改变。对于有牵绳或拉索的伸缩臂来说，牵绳或拉索等引起的非保向力能有效地提高伸缩臂起升平面外的抗失稳能力。

兰朋、王腾飞和陆念力、刘士明等[20,21]考虑牵绳或拉索对吊臂稳定性的影响，分别确定了单牵绳和对称双牵绳或拉索对伸缩臂稳定性的影响。

具有臂端单牵绳的伸缩臂结构简图如图 1.30 所示，Δ 为伸缩臂竖向位移，δ 为伸缩臂侧向位移，l_s 为牵引钢丝绳长度，α 为变形前牵绳在伸缩臂轴向上的投影，h 为变形前牵绳在 z 方向的投影。当牵引钢丝绳引起的非保向力为 F 时，由图 1.30 可知，伸缩臂端部受到的轴向力 F_x、侧向力 F_y 和竖向力 F_z。

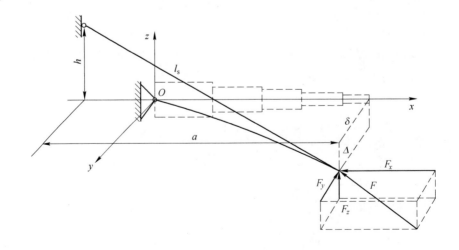

图 1.30　具有臂端钢丝绳的伸缩臂受力变形图

如图 1.31 所示，设各节伸缩臂的截面惯性矩分别为 $I_i(i = 1, 2, \cdots, n)$，l_i 为第 i 节伸缩臂顶部到根部的长度，L 为伸缩臂长度，即 $L = l_n$，E 为弹性模量。将轴力 F_x 改成通用的符号 P，当 n 节伸缩臂具有相同的截面惯性矩，即伸缩臂为等截面的极限情况，其失稳特征方程为

$$\tan(kL) = kL\left(1 - \frac{a}{L}\right) \tag{1.48}$$

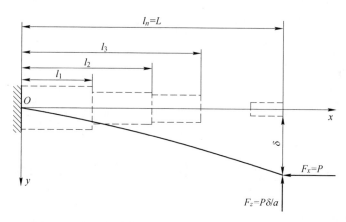

图 1.31 钢丝绳非保向力作用下伸缩臂的失稳力学模型

由失稳特征方程可知，单根牵引钢丝绳对伸缩臂稳定性的影响与钢丝绳在伸缩臂方向的投影长度 a 和伸缩臂的长度 L 的比值 $\dfrac{a}{L}$ 有关。

对于空间对称双牵绳或拉索对伸缩臂稳定性的影响，假设伸缩臂的截面惯性矩 $I_1 = I_2 = \cdots = I_n = I$，即为等截面。同样由于变幅油缸对平面外稳定性没有影响，忽略变幅油缸，具有空间对称双牵绳或拉索的起重机伸缩臂如图 1.32 所示。伸缩吊臂长度为 L，牵绳的初始长度为 S_0，两牵引钢丝绳之间的夹角为 2φ，伸缩臂与线段 CD 的夹角为 θ，钢丝绳拉点到 xOz 平面的距离为 b。

$$\tan(kL) = kL\left[1 - \frac{a}{L}\frac{k^2EI}{k^2EI + 2E_SA_S(\sin\varphi)^2\cos\varphi\cos\theta}\right] \tag{1.49}$$

可得，对称双牵引钢丝绳作用下的起重机伸缩臂起升平面外的失稳特征方程，从失稳特征方程中解出 k，即可得伸缩吊臂的失稳临界力 $P_{cr} = k^2EI$。其中，E_S 为钢丝绳的弹性模量（Pa），A_S 为钢丝绳的截面面积（m²）。

当牵引绳的夹角 $\varphi = 0°$ 时，即对称的双牵引钢丝绳合并为单根钢丝绳，此时伸缩臂的平面外失稳特征方程（1.49）退化为单牵引绳作用下的失稳特征方程式（1.48）具有相同的表达式。

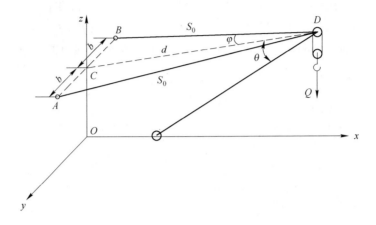

图 1.32 具有空间对称双钢丝绳的起重臂简图

1.3 稳定性分类及研究稳定性常用方法

1.3.1 稳定性定义及分类

钢结构的稳定性是决定其承载能力的一个关键因素。钢材因其优异的力学性能在现代建筑、机械、土木等领域被广泛使用，质轻壁薄、大长细比、大跨度成为现代大型工程机械、穹顶、压力容器等的标志性特征，但随之而来的稳定性问题成为工程项目大型化前进道路上的巨大阻力。

物体可能有三种平衡状态：稳定平衡状态、临界平衡状态、不稳定平衡状态。在任意微小的干扰下，结构的变形会急剧增加，在撤除干扰后，结构并不能恢复到原始状态，这一过程称为失稳或屈曲。结构稳定性问题是一个变形问题，须根据结构在变形之后的平衡状态来列平衡方程。而对于小变形结构，则忽略变形对力的作用的影响，在结构原始、未变形的位置上建立平衡方程，属于一阶理论；而考虑变形对结构平衡条件的影响，所有平衡方程都是建立在变形后的结构体系上，但仍采用线性关系所建立的计算理论属于二阶理论；考虑变形对结构平衡条件的影响，所有平衡方程都是建立在变形后的结构体系上，但采用非线性（大挠度）变形几何关系建立的计算理论属于三阶理论。变形应与研究结构失稳时的变形相对应，并与载荷之间呈非线性关系，因此用稳定性线性理论是建立在二阶理论或者三阶理论的基础上[22]。

对于小挠度失稳，通常将二阶理论的平衡方程线性化，因此，稳定性的本质是非线性力学问题。从结构体系失稳的性质上稳定性可分为三类，即分支点失稳、极值点失稳和跃越失稳[23]。

1.3.1.1 分支点失稳

压杆的完善体系，如图 1.33（a）所示为杆件载荷是理想的中心受压载荷，中心轴线是理想的直线。在杆件两端施加一个轴向力 P，当轴向压力 P 未达到欧拉临界力时，则构件一直保持着原有的稳定平衡状态；当随着两端轴向力的增加，当 P 达到欧拉临界力时，构件会突然产生很大的变形，如图 1.33（b）所示。当载荷 P 达到 A 点后，载荷挠度曲线可能出现不同的平衡路径。此时，杆件可能处于受压状态，也可能产生侧移出现弯曲变形。图 1.33（c）表示在 A 点出现了平衡状态分叉的现象，因此其失稳称为平衡分支点失稳。分支点处构件所能承受的载荷极限值称为临界载荷，此处所对应的平衡状态称为临界平衡状态。

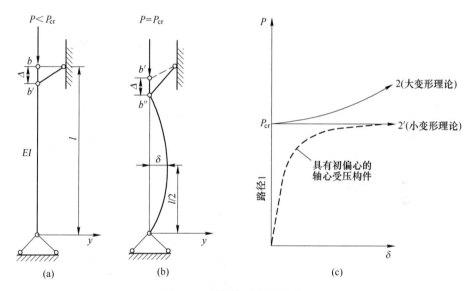

图 1.33　理想轴心受压构件

（a）原始平衡状态；（b）临界状态；（c）P-δ 曲线

1.3.1.2 极值点失稳

压杆的非完善体系是指轴压杆存在初曲率并且承受偏心载荷。非完善压杆在一开始就处于弯曲平衡状态，杆件中点的侧移随着压力的增大而增加，随着载荷的进一步增大挠度增加也逐渐变快，因而构件处于不稳定的平衡状态。图 1.34（b）中极值点说明在弯矩作用的平面内此偏心受压杆件已达到了极限状态，极值点对应的载荷为极限载荷。由于偏心受压构件的挠度曲线只有极值点，并且其弯曲变形的性质没有改变，因此这种失稳称为极值点失稳。

1.3.1.3 跃越失稳

受横向均布压力的双铰扁拱或扁平网壳，加载后其原始平衡路径便产生弯曲，当所加载荷小于欧拉临界力时，随着载荷的增加结构刚度逐渐降低；当所加

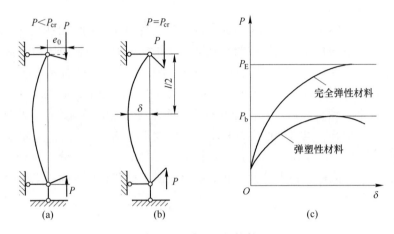

图 1.34 偏心压杆构件

（a）原始平衡状态；（b）临界状态；（c）P-δ 曲线

荷载达到欧拉临界力时，结构的原始平衡状态会受到破坏突然跳到一个非临近的具有很大变形的稳定平衡状态。这种失稳没有平衡分支点和极值点，因此称这种失稳现象称为跃越失稳。

1.3.2 研究稳定性方法

稳定性计算所给出的屈曲载荷为结构或构件所能承受的最大临界力，如果结构或构件所受载荷超过屈曲载荷则个别构件可能丧失稳定性导致整个结构坍塌。因此在结构设计时进行稳定性校核是非常必要的。稳定性计算与结构体系或构件的截面形式、几何长度、连接条件以及材料性能、残余应力分布、外载荷作用等初始条件有关。常用来判断结构稳定性的准则有：静力准则、能量准则、动力准则、初始缺陷准则等。依据这些准则得出常用的计算稳定性的方法有以下几种：

（1）静力平衡法。在分支点失稳问题中，临界平衡状态具有二重性。静力法是研究所施加的载荷达到多大时，构件的原始平衡状态会出现分支点，求出产生分支点所对应的外载荷即为外载荷。常用的静力平衡法是微分方程法，即根据结构体系处于平衡状态时的平衡关系建立结构体系的挠曲线近似微分方程，并求解微分方程从而求得结构体系的失稳临界载荷。通过静力法，可以求出构件临界载荷的精确值。

（2）能量法。根据能量守恒定律可知，当结构体系处于平衡状态时，外加载荷对系统做的功等于储存于该系统的应变能。根据上述等式就可以求出结构体系的失稳临界力表达式，但用能量法计算临界力精确度不够高，一般只能够获得临界载荷的近似解。

（3）动力法。对处于平衡状态的结构体系施加任何一个微小的干扰，则结构将会产生振动。当所加载荷小于临界载荷时，在撤去所施加的微小干扰后，结构体系的运动将会趋于静止；当所加载荷大于临界载荷时，在撤去所施加的微小干扰后，结构体系的运动仍是发散，此时机构体系的平衡状态是不稳定的。由结构的振动加速度与变形的方向是否一致判断结构是否处于稳定平衡状态，方向一致时稳定，不一致时不稳定，则当结构的振动频率为零时，结构处于临界状态。我们称这种求解临界载荷的方法为动力法，临界状态所对应的载荷为屈曲载荷。

（4）有限单元法。用有限单元法对结构体系进行稳定性分析的思路是：列出某状态下梁杆结构系统的刚度矩阵，并令刚度矩阵的行列式等于零，从而求解出结构系统的欧拉临界载荷。对于一些比较特殊的结构体系，是通过展开修正的傅里叶级数得到理论曲线，并与线性欧拉解对比，求得机构体系的失稳临界力，这也是求解稳定性的常用的方法。有限元法是在变分原理的基础上发展起来的一种数值计算方法，是目前分析大型复杂结构稳定性问题的首选方法。

2 箱形伸缩臂的非线性稳定性分析

2.1 梁的微挠曲线理论与细长压杆的大挠度理论

2.1.1 梁的微挠曲线理论

梁的弯曲变形常用梁轴线的变化表示，受到载荷作用时梁轴线由直线变为曲线，变形后的梁轴线称为挠曲线。梁的坐标关系如图 2.1 所示，梁的挠曲线是位于 xy 平面内的一条光滑的连续曲线。挠曲线上横坐标为 x 的纵坐标用 w 表示，w 称为截面的挠度[24]。

$$w = f(x) \tag{2.1}$$

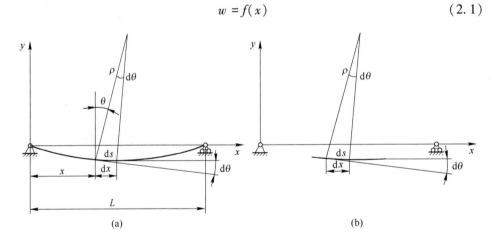

图 2.1 梁的挠曲线与转角的关系

图中的角度 θ 为截面转角，即梁转过的角度。根据平面假设，截面转角就是挠曲线的切线倾角，所以转角方程为：

$$\theta \approx \tan\theta = \frac{\mathrm{d}w}{\mathrm{d}x} = w \tag{2.2}$$

纯弯曲的情况下，弯矩和曲率的关系式为：

$$\frac{1}{\rho(x)} = \frac{M(x)}{EI} \tag{2.3}$$

把图 2.1 (a) 中的微分弧段 ds 放大为图 2.1 (b)。ds 两端法线的交点即为曲率中心，ρ 为曲率半径，显然：

$$\frac{1}{\rho(x)} = \left| \frac{d\theta}{ds} \right| \tag{2.4}$$

由式 (2.2) 及 $ds = \left[1 + \left(\frac{dw}{dx} \right)^2 \right]^{1/2} dx$ 可得非线性挠曲线微分方程，计算公式如下：

$$\frac{\frac{d^2 w}{dx^2}}{\left[1 + \left(\frac{dw}{dx} \right)^2 \right]^{3/2}} = \frac{M(x)}{EI} \tag{2.5}$$

长期以来，在传统的材料力学中介绍梁的弯曲变形计算时，都是采用挠曲线近似微分方程进行求解的，当梁发生小变形时，亦即转角 $\theta = \frac{dw}{dx}$ 不超过 5°，因 $\left(\frac{dy}{dx} \right)^2 \ll 1$，故式 (2.5) 可近似为式 (2.6)，即挠曲线近似微分方程。

$$\frac{d^2 w}{dx^2} = \frac{M(x)}{EI} \tag{2.6}$$

采用近似微分方程可以导致：
(1) 临界位移无法计算；
(2) 大转角时，挠度误差较大；
(3) 临界力与临界位移的相关性无法体现。

2.1.2 细长压杆的大挠度理论

根据梁的微挠曲线理论得到，弯曲变形很小，挠曲线的曲率近似地等于 $\frac{d^2 w}{dx^2}$。虽然，这样可以确定临界压力，但不能确定失稳后挠曲线各点的坐标[25]。例如两端铰支的压杆，失稳后挠曲线的方程式为

$$w = A\sin \frac{\pi x}{l} \tag{2.7}$$

式中，w 为杆件中点的挠度，在符合小变形的条件下，它可以是任意的一个微小数。此外，上述方法自然也不能讨论失稳以后的情况。弥补这些缺陷，应以曲率的精确表达式代替其近似表达式 $\frac{d^2 w}{dx^2}$ 以一端固定，并在自由端作用集中力 P 的压杆为例 (如图 2.2 所示)。当 P 超过临界压力时，杆件将发生大挠度弯曲变形。

由弯曲理论知，曲率 $\dfrac{1}{\rho}$ 与弯矩 M 的关系是

$\dfrac{1}{\rho} = \dfrac{M}{EI}$。

曲率 $\dfrac{1}{\rho}$ 的精确表达式是

$$\frac{1}{\rho} = -\frac{\mathrm{d}\theta}{\mathrm{d}s} \qquad (2.8)$$

式中，s 为沿挠曲线从原点 O 算起的曲线长度；θ 为挠曲线切线与 x 轴的夹角。至于式 (2.8) 中的负号是因为在图 2.2 所示情况下，θ 随 s 的增加而减少。至于 mn 截面上的弯矩则为 $M = Pw$，以 $\dfrac{1}{\rho}$ 及 M 代入式 (2.7)，得

$$\frac{\mathrm{d}\theta}{\mathrm{d}s} = -\frac{P}{EI}w \qquad (2.9)$$

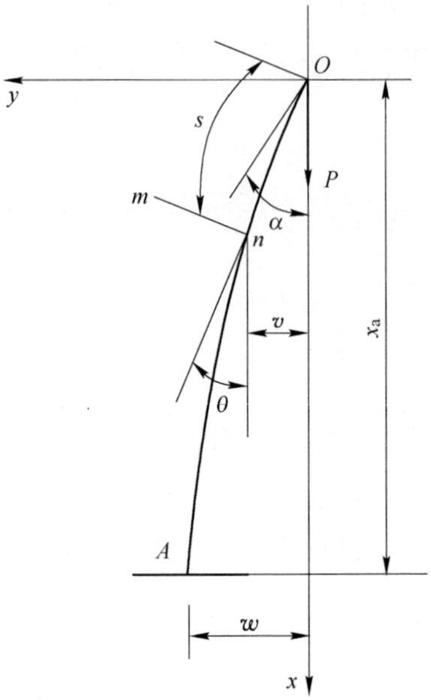

引用记号 $k^2 = \dfrac{P}{EI}$，得

$$\frac{\mathrm{d}\theta}{\mathrm{d}s} = -k^2 w \qquad (2.10)$$

等号两边对 s 取导数，并使用关系式 $\dfrac{\mathrm{d}w}{\mathrm{d}s} = \sin\theta$ 得

$$\frac{\mathrm{d}^2\theta}{\mathrm{d}s^2} = -k^2 \sin\theta \qquad (2.11)$$

等号两边乘以 $\mathrm{d}\theta$，然后积分得

$$\int \frac{\mathrm{d}\theta}{\mathrm{d}s} \mathrm{d}\left(\frac{\mathrm{d}\theta}{\mathrm{d}s}\right) = -k^2 \int \sin\theta \mathrm{d}\theta \qquad (2.12)$$

或

$$\frac{1}{2}\left(\frac{\mathrm{d}\theta}{\mathrm{d}s}\right)^2 = k^2 \cos\theta + C \qquad (2.13)$$

压杆在自由端的边界条件是 $s = 0$ 时，

$$\theta = \alpha , \quad \frac{1}{\rho} = -\frac{\mathrm{d}\theta}{\mathrm{d}s} = \frac{M}{EI} = 0$$

利用以上边界条件确定积分常数 C，得 $C = -k^2 \cos\alpha$，于是求得

图 2.2　细长压杆的大挠度变形

$$\frac{1}{2}\left(\frac{\mathrm{d}\theta}{\mathrm{d}s}\right)^2 = k^2\left(\cos\theta - \cos\alpha\right)$$

$$\mathrm{d}s = -\frac{\mathrm{d}\theta}{k\sqrt{2}\sqrt{\cos\theta - \cos\alpha}} \tag{2.14}$$

积分上式求得压杆的长度 l 为

$$l = -\int_\alpha^0 \frac{\mathrm{d}\theta}{k\sqrt{2}\sqrt{\cos\theta - \cos\alpha}} = \frac{1}{2k}\int_0^\alpha \frac{\mathrm{d}\theta}{\sqrt{\sin^2\frac{\alpha}{2} - \sin^2\frac{\theta}{2}}} \tag{2.15}$$

为了简化上列积分，引进记号

$$p = \sin\frac{\alpha}{2} \tag{2.16}$$

并引进一个新函数 ϕ，使

$$\sin\frac{\theta}{2} = p\sin\phi = \sin\frac{\alpha}{2}\sin\phi \tag{2.17}$$

从式（2.17）看出，当 $\theta = 0$ 时，$\phi = 0$；当 $\theta = \alpha$ 时，$\sin\phi = 1$；$\phi = \frac{\pi}{2}$。此外，由式（2.17）并可求出

$$\mathrm{d}\theta = \frac{2p\cos\phi\mathrm{d}\phi}{\sqrt{1 - p^2\sin^2\phi}} \tag{2.18}$$

把式（2.16）~式（2.18）代入式（2.15），整理后得出

$$l = \frac{1}{k}\int_0^{\frac{\pi}{2}} \frac{\mathrm{d}\phi}{\sqrt{1 - p^2\sin^2\phi}} \tag{2.19}$$

$$l = \frac{1}{k}F(p) = \sqrt{\frac{EI}{P}}F(p) \tag{2.20}$$

$F(p)$ 为 p 第一类全椭圆积分，式（2.20）右边的积分是第一类全椭圆积分，其值仅与 p（即角度 α 有关，并可于椭圆积分表中查得。这样，只要已知压杆在自由端的转角 α，利用椭圆积分表，求出式（2.15）中积分的数值，就确定了 k 值，根据 k 的数值又可求得相应的压力。

可见，当压力 P 比开始丧失直线稳定的 P_{cr} 大 15% 时，自由端的倾角已经是 60°。也就是说，变形与压力并不按同一比例增加，而且压力比 P_{cr} 增加不多，而变形的增大却非常显著。为了进一步说明这种状况，在图 2.3 和表 2.1 中列出了

顶端转角 α 与比值 $\dfrac{P}{P_{cr}}$ 之间的关系。

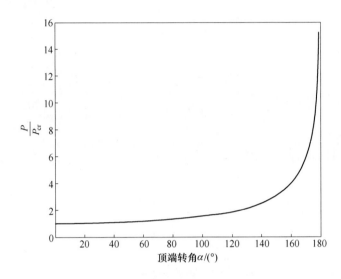

图 2.3   细长压杆的顶端转角与欧拉力的关系

表 2.1   顶端转角 α 与比值 $\dfrac{P}{P_{cr}}$ 之间的关系

$\alpha/(°)$	20	40	60	80	100	120	140	160	176
P/P_{cr}	1.015	1.063	1.152	1.293	1.518	1.884	2.541	4.029	9.116
x_a/l	0.970	0.881	0.741	0.560	0.349	0.123	−0.107	−0.340	−0.577
v_a/l	0.220	0.422	0.593	0.719	0.792	0.803	0.750	0.625	0.421

当压杆的轴线接近直线时，α、θ、p 和 ϕ 功都是很小的数值，在式（2.19）中 $p^2\sin^2\phi$ 与 1 相比可以省略，于是

$$l = \frac{\pi}{2k} = \frac{\pi}{2}\sqrt{\frac{EI}{P}} \tag{2.21}$$

$$P = \frac{\pi^2 EI}{4l^2} \tag{2.22}$$

这就是压杆的临界压力（欧拉力）。以上结果表明，当压杆刚开始失稳时，弯曲变形很小。欧拉公式是足够精确的。

现在计算压杆的挠度 w。由 $dw = ds\sin\theta$ 并使用式（2.13），得

$$dw = ds\sin\theta = -\frac{\sin\theta d\theta}{k\sqrt{2}\sqrt{\cos\theta - \cos\alpha}} \tag{2.23}$$

积分上式求得杆件自由端的挠度为

$$w = \frac{1}{2k}\int_0^\alpha \frac{\sin\theta d\theta}{\sqrt{\sin^2\frac{\alpha}{2} - \sin^2\frac{\theta}{2}}} \tag{2.24}$$

由式（2.16）求得

$$\sin\theta = \sin\frac{\theta}{2}\cos\frac{\theta}{2} = 2p\sin\phi\sqrt{1 - p^2\sin^2\phi} \tag{2.25}$$

将 $\sin\theta$ 和 $d\theta$ 的表达式（2.17）一并代入式（2.19），求得

$$w = \frac{p}{2k}\int_0^{\frac{\pi}{2}}\sin\phi d\phi = \frac{2p}{k} \tag{2.26}$$

把由式（2.18）求出的 k 值代入上式，w 是容易计算的。根据 $w = \frac{2p}{k}$，$l = \frac{1}{k}F(p)$，所以

$$\frac{w}{l} = \frac{\dfrac{2p}{k}}{\dfrac{1}{k}F(p)} = \frac{2p}{F(p)} \tag{2.27}$$

$$dx_a = ds\cos\theta = -\frac{\cos\theta d\theta}{k\sqrt{2}\sqrt{\cos\theta - \cos\alpha}} \tag{2.28}$$

$$\int_0^{\frac{\pi}{2}} \frac{d\phi}{\sqrt{1 - p^2\sin^2\phi}} = F(p) \tag{2.29}$$

$$l = \frac{1}{k}F(p) \tag{2.30}$$

$$\frac{x_a}{l} = \frac{\dfrac{2}{k}E(p) - l}{l} = \frac{2E(p)}{\dfrac{kF(p)}{k}} - 1 = \frac{2E(p)}{F(p)} - 1 \tag{2.31}$$

式中，$E(p)$ 为第二类全椭圆积分，$F(p)$ 为第一类全椭圆积分。

从图2.4或图2.5都可看出，在压力超过临界压力后，对应着每一个压力。都有一条肯定的挠曲线，弯曲变形的大小并不是不定的。图2.4和图2.5是压杆下端固定、上端为自由端的情况。以上讨论，由大挠度时曲率的精确表达式出

发，得到一些近似理论难以得出的结论。但讨论仍以材料服从胡克定律为基础，只有用比例极限很高的金属，制成极其柔韧的压杆（例如细钢丝），才能出现大挠度变形。

实际工程中的压杆，很难在上述大变形下仍不破坏。对于起重机箱形伸缩臂，如图2.6所示，即使是起升高度超过100m，吊臂的轴线也接近直线。所以，用小挠度近似公式确定的欧拉公式，还是有实际意义的。

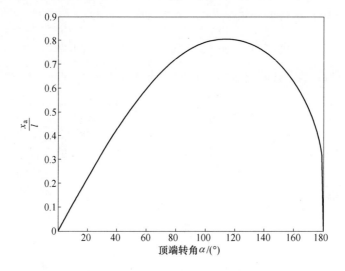

图2.4 细长压杆的顶端转角与挠度相对于杆长的比值

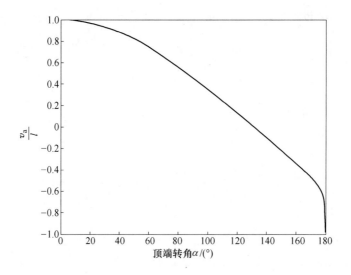

图2.5 顶端转角与受压后高度与原高度之比

图 2.6 全地面起重机 8 节伸缩臂全伸

2.2 n 阶伸缩臂架稳定性的递推公式及数值解法

2.2.1 n 阶阶梯柱结构变形及其微分方程

针对 n 阶阶梯柱模型，基于纵横弯曲理论可建立各节伸缩臂挠曲微分方程。如图 2.7 所示，n 阶阶梯柱的总长为 l_n，P 为伸缩臂顶端承受的轴力且 P 的方向保持不变，δ 为伸缩臂顶端的侧向位移，假设轴力和弯矩全部由伸缩臂承受，第 i 阶压杆模型的受力和变形如图 2.8 所示[26]。

$$\begin{cases} y_1'' = \dfrac{P(\delta - y_1)}{EI_1} & (0 \leqslant x \leqslant l_1) \\[2mm] y_2'' = \dfrac{P(\delta - y_2)}{EI_2} & (l_1 \leqslant x \leqslant l_2) \\ \quad\vdots \\ y_i'' = \dfrac{P(\delta - y_i)}{EI_i} & (l_{i-1} \leqslant x \leqslant l_i) \end{cases} \tag{2.32}$$

式中　I_i——第 i 节伸缩臂的截面惯性矩，m^4，$i = 1, 2, 3, \cdots, n$；

　　　l_i——第 i 节伸缩臂顶部到吊臂根部的长度，m，$i = 1, 2, 3, \cdots, n$；

　　　y_i——第 i 节伸缩臂在 x 外的侧向位移，m，$i = 1, 2, 3, \cdots, n$。

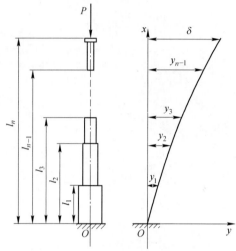

图 2.7　变截面阶梯柱模型及受力简图

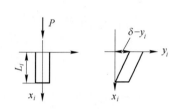

图 2.8　第 i 阶压杆模型受力及位移

式 (2.32) 可统一表示为

$$y_i'' = k_i^2(\delta - y_i), \quad i = 1, 2, 3, \cdots, n \tag{2.33}$$

式中

$$k_i = \sqrt{\frac{P}{EI_i}} \tag{2.34}$$

微分方程式 (2.33) 的通解为

$$y_i = A_i \sin(k_i x) + B_i \cos(k_i x) + \delta \tag{2.35}$$

由挠度位移边界条件可解出各积分常数之间的关系为

$$\begin{cases} A_1 = 0 \\ B_1 = -\delta \end{cases} \tag{2.36}$$

$$\begin{cases} A_i \sin(k_i l_i) + B_i \cos(k_i l_i) = A_{i+1} \sin(k_{i+1} l_i) + B_{i+1} \cos(k_{i+1} l_i) \\ A_i k_i \cos(k_i l_i) - B_i k_i \sin(k_i l_i) = A_{i+1} k_{i+1} \cos(k_{i+1} l_i) - B_{i+1} k_{i+1} \cos(k_{i+1} l_i) \end{cases}$$
$$\tag{2.37}$$

记

$$\boldsymbol{T}_i = \begin{bmatrix} \sin(k_i l_i) & \cos(k_i l_i) \\ k_i \cos(k_i l_i) & -k_i \sin(k_i l_i) \end{bmatrix} \tag{2.38}$$

$$\boldsymbol{U}_i = \begin{bmatrix} \sin(k_{i+1}l_i) & \cos(k_{i+1}l_i) \\ k_{i+1}\cos(k_{i+1}l_i) & -k_{i+1}\sin(k_{i+1}l_i) \end{bmatrix} \tag{2.39}$$

式（2.37）可用矩阵表示为

$$\boldsymbol{T}_i \begin{Bmatrix} A_i \\ B_i \end{Bmatrix} = \boldsymbol{U}_i \begin{Bmatrix} A_{i+1} \\ B_{i+1} \end{Bmatrix} \tag{2.40}$$

由式（2.40）可得积分常数之间的递推表达式

$$\begin{Bmatrix} A_{i+1} \\ B_{i+1} \end{Bmatrix} = \boldsymbol{Q}_i \begin{Bmatrix} A_i \\ B_i \end{Bmatrix} \tag{2.41}$$

记

$$\boldsymbol{Q}_i = \boldsymbol{U}_i^{-1} \boldsymbol{T}_i \tag{2.42}$$

因此可得到系数 A_n 和 B_n 的表达式

$$\begin{Bmatrix} A_n \\ B_n \end{Bmatrix} = \boldsymbol{Q}_{n-1} \boldsymbol{Q}_{n-2} \cdots \boldsymbol{Q}_1 \begin{Bmatrix} A_1 \\ B_1 \end{Bmatrix} = \prod_{i=n-1}^{1} \boldsymbol{Q}_i \begin{Bmatrix} A_1 \\ B_1 \end{Bmatrix} \tag{2.43}$$

由伸缩臂顶部边界条件：$x = l_n$ 时，$y_n = \delta$，得

$$A_n \sin(k_n l_n) + B_n \cos(k_n l_n) = 0 \tag{2.44}$$

将式（2.43）代入式（2.44）中得伸缩臂失稳特征方程为

$$\{A_n \sin(k_n l_n) \quad B_n \cos(k_n l_n)\} \prod_{i=n-1}^{1} Q_i \{A_1 \quad B_1\}^{\mathrm{T}} = 0 \tag{2.45}$$

对于一个特定起重机箱形伸缩臂，将所有已知条件代入失稳特征方程可知式（2.45）是以 P 为未知量的非线性方程，即失稳特征方程为超越方程[28]，其可以表示为

$$f(n) = \{A_n \sin(k_n L) \quad B_n \cos(k_n L)\} \prod_{i=n-1}^{1} Q_i \{A_1 \quad B_1\}^{\mathrm{T}} = 0 \tag{2.46}$$

解此非线性方程即可求得结构失稳临界力 P_{cr}。

2.2.2　超越方程的递推规律

使用式（2.46），当 $n = 1$ 时，可以得到：

$$\cos(k_1 l_1) = 0 \tag{2.47}$$

当 $n = 2$ 时，可以得到：

$$\cos(k_2 l_2)\left[\cos(k_1 l_1)\cos(k_2 l_1) + \frac{k_1}{k_2}\sin(k_1 l_1)\sin(k_2 l_1)\right] +$$

$$\sin(k_2 l_2)\left[\cos(k_1 l_1)\sin(k_2 l_1) - \frac{k_1}{k_2}\sin(k_1 l_1)\cos(k_2 l_1)\right] = 0 \tag{2.48}$$

当 $n = 3$ 时，可以得到：

$$\cos(k_3 l_3) \left\{ \#2 \left[\cos(k_2 l_2) \cos(k_3 l_2) + \frac{k_2}{k_3} \sin(k_2 l_2) \sin(k_3 l_2) \right] + \right.$$

$$\left. \#1 \left[\cos(k_3 l_2) \cos(k_2 l_2) - \frac{k_2}{k_3} \cos(k_2 l_2) \sin(k_3 l_2) \right] \right\} +$$

$$\sin(k_3 l_3) \left\{ \#2 \left[\cos(k_2 l_2) \sin(k_3 l_2) - \frac{k_2}{k_3} \cos(k_3 l_2) \sin(k_2 l_2) \right] + \right.$$

$$\left. \#1 \left[\sin(k_2 l_2) \sin(k_3 l_2) + \frac{k_2}{k_3} \cos(k_2 l_2) \cos(k_3 l_2) \right] \right\} = 0$$

其中　　　　$\#1 = \cos(k_1 l_1) \sin(k_2 l_1) - \dfrac{k_1}{k_2} \cos(k_2 l_1) \sin(k_1 l_1)$

$$\#2 = \cos(k_1 l_1) \cos(k_2 l_1) + \frac{k_1}{k_2} \sin(k_2 l_1) \sin(k_1 l_1) \tag{2.49}$$

根据数学归纳法，可以证明，n 阶阶梯柱的失稳特征方程如下：

$$f(P) = \sin(k_n l_n) C(n) + \cos(k_n l_n) D(n) = 0 \tag{2.50}$$

其中

$$C(n) = \left[\sin(k_{n-1} l_{n-1}) \sin(k_n l_{n-1}) + \frac{k_{n-1}}{k_n} \cos(k_{n-1} l_{n-1}) \cos(k_n l_{n-1}) \right] C(n-1) +$$

$$\left[\cos(k_{n-1} l_{n-1}) \sin(k_n l_{n-1}) - \frac{k_{n-1}}{k_n} \sin(k_{n-1} l_{n-1}) \cos(k_n l_{n-1}) \right] D(n-1) \tag{2.51}$$

$$D(n) = \left[\cos(k_{n-1} l_{n-1}) \cos(k_n l_{n-1}) + \frac{k_{n-1}}{k_n} \sin(k_{n-1} l_{n-1}) \sin(k_n l_{n-1}) \right] D(n-1) +$$

$$\left[\sin(k_{n-1} l_{n-1}) \cos(k_n l_{n-1}) - \frac{k_{n-1}}{k_n} \cos(k_{n-1} l_{n-1}) \sin(k_n l_{n-1}) \right] C(n-1) \tag{2.52}$$

$$C(1) = 0,\ D(1) = 1,\ n = 1,\ 2,\ 3,\ \cdots \tag{2.53}$$

2.2.3　超越方程的数值解法

2.2.3.1　超越方程的非线性特征

已知某 2 阶阶梯柱，$l_1 = 15.4\mathrm{m}$，$l_2 = 29.9\mathrm{m}$，$I_1 = 43.26 \times 10^{-3}\mathrm{m}^4$，$I_2 = 26.09 \times 10^{-3}\mathrm{m}^4$，利用式（2.48）和式（2.34）可以得到 2 阶阶梯柱所构成函数的曲线如图 2.9 所示，此函数是一非线性函数且不具有规则的周期性，满足失稳特征方程 $f(k_1,\ k_2) = 0$ 的点可能较多，所以必须通过增加方程的方法来确定临界点。

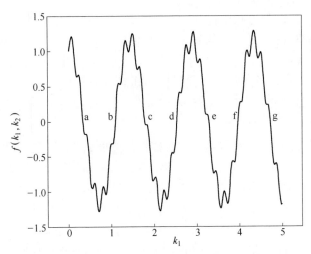

图 2.9 2 阶阶梯柱的失稳特征方程多项式与 k_1 函数关系

即数值求解以下方程组：

$$\begin{cases} \cos(30.9k_2)\left[\cos(15.5k_1)\cos(15.5k_2) + \dfrac{k_1}{k_2}\sin(15.5k_1)\sin(15.5k_2)\right] + \\ \sin(30.9k_2)\left[\cos(15.5k_1)\sin(15.5k_2) - \dfrac{k_1}{k_2}\sin(15.5k_1)\cos(15.5k_2)\right] = 0 \\ 43.26k_1^2 = 26.09k_2^2 \end{cases}$$

(2.54)

得：

$$k_1 = 0.0480 , \ k_2 = 0.0617$$

根据式（1.15）得到临界力：

$$P_{cr} = 2.0491 \times 10^7 \mathrm{N}$$

根据式（1.16）得长度系数：

$$\mu_2 = 1.06012$$

2.2.3.2 n 阶超越方程组的非线性数值解法

当阶梯柱的阶数为 n 时，超越方程组可以通过增加其约束限制限制方程建立方程组才有可能求解。

$$\begin{cases} f(k_1,\ k_2,\ k_3,\ \cdots,\ k_n) = \sin(k_n l_n)C(n) + \cos(k_n l_n)D(n) = 0 \\ k_1^2 I_1 = k_2^2 I_2 \\ k_2^2 I_2 = k_3^2 I_3 \\ \quad\vdots \\ k_{n-1}^2 I_{n-1} = k_n^2 I_n \end{cases}$$

(2.55)

所建立的 n 阶超越方程组如式（2.55）所示，到目前为止，这种非线性超越方程还不存在解析解，只有数值解[29]。数值解常使用的方法包括欧拉法、龙格库塔法、Gauss-Newton 等[30]，但这些方法可能由于矩阵的奇异而无解。这里使用 Levenberg-Marquardt 算法[31]，这种算法同时具有梯度法和牛顿法的优点并较原来的梯度下降法提高速度几十甚至上百倍[32]，并且对于所构建的方程组总能得到最优数值解。

通过式（2.55）可以求解出每节阶梯柱的刚度，进而可以求出整个阶梯柱模型的临界力 P，此临界力与相同约束条件下，与阶梯柱长度相等的基本臂截面所构成均等截面柱的临界力对比，就可以求出 n 阶阶梯柱的长度系数 μ_2。

2.2.3.3 n 阶超越方程组的非线性数值解程序编制

图 2.10 和图 2.11 为使用 Matlab 2014b 编制的 n 阶超越方程组的非线性数值解程序界面。通过此程序可以对 9 阶及以下，长度和惯性矩任意组合的阶梯柱的临界应力和长度系数求解出来[33]。

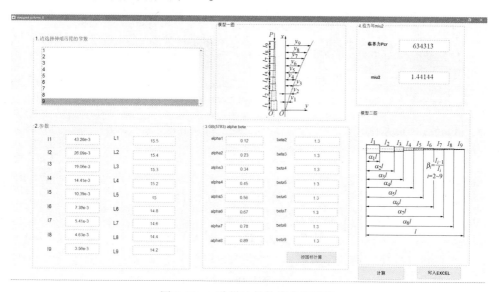

图 2.10 n 阶梯柱的数值求解程序

为了验证程序的正确性，使用 ANSYS 17.0 APDL 二次开发编制了 9 阶及以下阶梯柱的有限元解法，与上面的程序进行对比。

可以发现两种算法计算出的长度系数 μ_2 非常接近。

2.2.3.4 2 阶阶梯柱的非线性及其插值

由图 2.12 可以看出，对于 2 阶阶梯柱其长度系数值 μ_2 与使用 ANSYS 17.0 所计算出的差值非常接近，最大相对误差为 1.7×10^{-4}，可以看出 n 阶压杆稳定性计算的递推公式的精度是比较高的。此外，随着第二阶柱（I_2）的惯性矩的

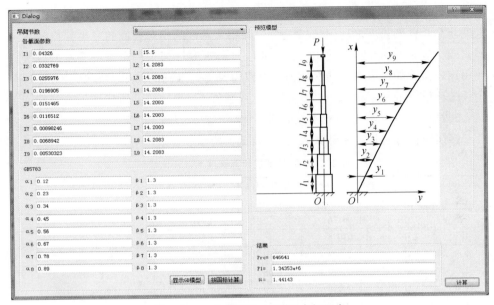

图 2.11 n 阶梯柱的 ANSYS 求解程序

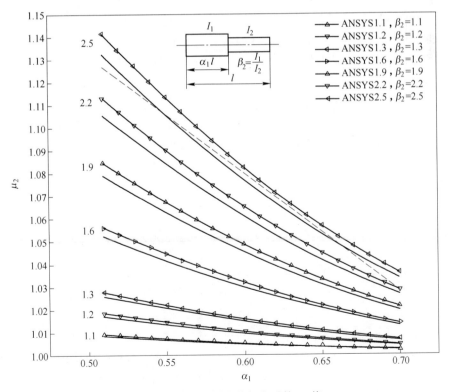

图 2.12 2 阶阶梯柱的长度系数 μ_2 值

增大，长度系数 μ_2 减小，即阶梯柱的临界力逐渐增大；随着第一阶臂架（I_1）长度与全长臂架长度之比（α_1 增加），即第二阶柱的相对长度的减小，长度系数 μ_2 非线性减小。因此对于使用 GB/T 3811—2008 时，当选用了表中没有的 β_i 时，使用比较接近的数值进行线性插值才可以得到更为准确的结果；另外不同截面占全长的比值（α_1）也会影响最终的长度系数值。

2.2.3.5 多阶阶梯柱的长度系数

多阶阶梯柱的长度系数如表 2.2~表 2.5 所示。

表 2.2 3 阶阶梯柱计算长度系数及比较

β_2	β_3	数值法（μ_2）	GB/T 3811	ANSYS 17.0	相对误差
1.3	1.3	1.05296	1.053	1.053	-3.7987×10^{-5}
1.3	1.6	1.06176		1.06176	0
1.3	1.9	1.07073		1.07073	0
1.3	2.2	1.07991		1.0799	9.26012×10^{-6}
1.3	2.5	1.08929	1.089	1.08927	1.83609×10^{-5}
1.6	1.3	1.09902	1.099	1.09901	9.0991×10^{-6}
1.6	1.6	1.10991		1.10989	1.80198×10^{-5}
1.6	1.9	1.12106		1.12104	1.78406×10^{-5}
1.6	2.2	1.13247		1.13243	3.53223×10^{-5}
1.6	2.5	1.14411	1.144	1.14407	3.49629×10^{-5}
1.9	1.3	1.1443	1.144	1.14427	2.62176×10^{-5}
1.9	1.6	1.15723		1.1572	2.59246×10^{-5}
1.9	1.9	1.17049		1.17044	4.2719×10^{-5}
1.9	2.2	1.18403		1.18398	4.22304×10^{-5}
1.9	2.5	1.19784	1.198	1.19778	5.00927×10^{-5}
2.2	1.3	1.18868	1.189	1.18865	2.52387×10^{-5}
2.2	1.6	1.20359		1.20354	4.15441×10^{-5}
2.2	1.9	1.21885		1.21879	4.92292×10^{-5}
2.2	2.2	1.23443		1.23435	6.48114×10^{-5}
2.2	2.5	1.25031	1.25	1.25021	7.99866×10^{-5}
2.5	1.3	1.23212	1.232	1.23206	4.86989×10^{-5}
2.5	1.6	1.2489		1.24884	4.80446×10^{-5}
2.5	1.9	1.26607		1.26599	6.31917×10^{-5}
2.5	2.2	1.28359		1.28349	7.79126×10^{-5}
2.5	2.5	1.30142	1.301	1.3013	9.22155×10^{-5}

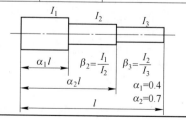

表 2.3 4 阶阶梯柱计算长度系数及比较

β_2	β_3	β_4	数值法（μ_2）	GB/T 3811	ANSYS 17.0	相对误差
1.6	1.3	1.3	1.14722	1.147	1.14731	-7.84444×10^{-5}
1.9	1.3	1.3	1.20641	1.207	1.20654	-0.000107746
2.2	1.3	1.3	1.26357	1.264	1.26375	-0.000142433
2.5	1.3	1.3	1.31877	1.319	1.31902	-0.000189535
1.3	1.6	1.3	1.11258	1.113	1.11266	-7.18998×10^{-5}
1.3	1.9	1.3	1.13953	1.14	1.13962	-7.89737×10^{-5}
1.3	2.2	1.3	1.16668	1.167	1.16679	-9.42757×10^{-5}
1.3	2.5	1.3	1.19393	1.194	1.19407	-0.000117246
1.3	1.3	1.6	1.09066		1.09073	-6.41772×10^{-5}
1.3	1.3	1.9	1.09545		1.09553	-7.3024×10^{-5}
1.3	1.3	2.2	1.10034		1.10043	-8.17862×10^{-5}
1.3	1.3	2.5	1.10533	1.105	1.10543	-9.04625×10^{-5}

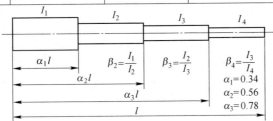

表 2.4 5 阶阶梯柱计算长度系数及比较

β_2	β_3	β_4	β_5	数值法（μ_2）	GB/T 3811	ANSYS 17.0	相对误差
1.3	1.6	1.3	1.3	1.20587	1.206	1.20586	8.29284×10^{-6}
1.3	1.9	1.3	1.3	1.2585	1.259	1.2585	0
1.3	2.2	1.3	1.3	1.31001	1.31	1.31001	0
1.3	2.5	1.3	1.3	1.3603	1.36	1.3603	0
1.6	1.3	1.3	1.3	1.2397	1.24	1.23971	-8.0664×10^{-6}
1.9	1.3	1.3	1.3	1.32212	1.322	1.32209	2.26913×10^{-5}
2.2	1.3	1.3	1.3	1.4001	1.4	1.40007	2.14275×10^{-5}
2.5	1.3	1.3	1.3	1.4742	1.474	1.47421	-6.78329×10^{-6}

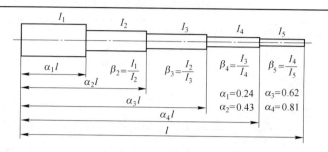

表 2.5　8 阶阶梯柱计算长度系数及比较

$\beta_2/\beta_3/\beta_4/\beta_5/\beta_6/\beta_7/\beta_8$	μ (文献[33])	μ_a (文献[12])	M_e (文献[12])	数值法 ($2\mu_2$)	ANSYS 17.0	$\Delta/\%$
1.2/1.2/1.2/1.2/1.2/ 1.2/1.2	2.4517	2.4517	2.4497	2.4131	2.4131	0
1.3/1.3/1.3/1.3/1.3/ 1.3/1.3	2.7392	2.7392	2.7314	2.6800	2.6799	0.0037
1.6/1.6/1.6/1.6/1.6/ 1.6/1.6	3.9099	3.9099	3.8122	3.7824	3.7822	0.0053
1.3/1.3/1.3/1.3/1.2/ 1.2/1.2	2.7053	2.7053	2.6992	2.6487	2.6487	0
1.6/1.6/1.3/1.3/1.3/ 1.2/1.2	3.2481	3.2481	3.2290	3.1723	3.1587	0.4306
1.8/1.8/1.6/1.3/1.3/ 1.2/1.2	3.8633	3.8633	3.8176	3.7597	3.7408	0.51

数值法和 ANSYS: $\alpha_1 = 0.16$, $\alpha_2 = 0.28$, $\alpha_3 = 0.40$, $\alpha_4 = 0.52$, $\alpha_5 = 0.64$, $\alpha_6 = 0.76$, $\alpha_7 = 0.88$

已知某全地面起重机 8 阶阶梯柱，$l_1 = 15.5\text{m}$，$l_2 = 27.125\text{m}$，$l_3 = 38.75\text{m}$，$l_4 = 50.375\text{m}$，$l_5 = 62\text{m}$，$l_6 = 73.625\text{m}$，$l_7 = 85.25\text{m}$，$l_8 = 96.875\text{m}$，$I_1 = 43.26 \times 10^{-3}\text{m}^4$，$I_2 = 33.2769 \times 10^{-3}\text{m}^4$，$I_3 = 25.5976 \times 10^{-3}\text{m}^4$，$I_4 = 19.69 \times 10^{-3}\text{m}^4$，$I_5 = 15.1465 \times 10^{-3}\text{m}^4$，$I_6 = 11.6512 \times 10^{-3}\text{m}^4$，$I_7 = 8.96244 \times 10^{-3}\text{m}^4$，$I_8 = 6.89419 \times 10^{-3}\text{m}^4$。

得 $k_1 = 0.0121$，$k_2 = 0.0138$，$k_3 = 0.0157$，$k_4 = 0.0179$，$k_5 = 0.0205$，$k_6 = 0.0233$，$k_7 = 0.0266$，$k_8 = 0.0303$，得到临界力 $P_{cr} = 1.3049 \times 10^6\text{N}$，长度系数 $\mu_2 = 2.6800$。

上面分别给出 3 阶、4 阶、5 阶、8 阶阶梯柱的长度系数的计算值，并且使用 ANSYS 17.0 对上述阶梯柱的组合进行求解，并对递推公式得到的结果与 ANSYS

17.0 进行对比，发现此递推公式与 Levenberg-Marquardt 算法相结合所求解出的长度系数具有极高的精度，对于大型多阶起重机臂架压杆稳定性具有很强的实用意义。

2.3 伸缩臂式起重机阶梯柱模型的临界力其他计算方法比较

阶梯柱模型是此类伸缩臂架的受力模型，然而伸缩臂架的稳定性是决定起重机起质量和安全关键，所以阶梯柱模型的稳定性也有多种计算方法。

Timoshenko 等对阶梯柱模型进行了较为深入的研究和分析，并使用能量法给出了 2 阶阶梯柱的临界力的结果，并且给出了其他一些近似的计算方法，这些方法在阶梯柱的阶数不高时，都可以得到较高的精度。国内也有学者借助预设近似挠度曲线，使用能量法和李兹法对阶梯柱进行研究，但这种方法相当于引入附加约束，对于 3 阶以上的阶梯柱就会产生比较大的误差。

我国现行的国家标准[34]采用了精确有限元法作为规范的阶梯柱稳定性分析方法，但这种方法对于多阶阶梯柱来说，其刚度矩阵相当庞大，特征方程复杂，对于常见支撑形式的阶梯柱稳定性精确数值解常通过试凑法获得，计算量巨大，给实际应用带来了一定的困难。在现行的设计规范中使用了图表来表示 2~5 阶的阶梯柱的部分特殊组合情况下的长度系数。当阶数超过 5 阶时，设计规范就无法应用；并且在非特定组合时使用线性拟合的方法，却没有给出线性拟合的误差。这时规范的使用就无法满足实际工程的需要，因而急需一种方法，可以较方便且迅速地求解 5 阶及以上阶梯柱临界力的方法，并且对于各种非特殊组合也可以给出高精度的解。

2.3.1 理想柱的挠曲线

对于形状简单的柱状承载构件，其受压模型如图 2.13 所示。对于压杆的临界载荷，是由压力与弯曲力共同作用或由初弯曲得到的。对于前一情形，临界荷重由轴向载荷值所决定，就是即使横向荷重很小，轴向力将引起很大的横向挠度。同样地，对于具有很小的初弯曲的杆，当压力趋近于临界值时，挠度将无限地增大。

如图 2.13 所示理想柱的挠曲微分方程为：

$$EI \frac{\mathrm{d}^2 y}{\mathrm{d}x^2} = M = P(\delta - y) \qquad (2.56)$$

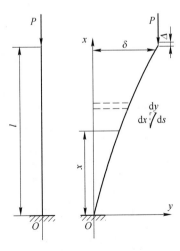

图 2.13 理想柱的挠曲

记:

$$k^2 = \frac{P}{EI} \tag{2.57}$$

代入理想柱端点条件,并取适合方程的最小 kl 值,即满足以使杆保持微小弯曲的最小轴向力,可得挠曲线方程为:

$$y = \delta\left(1 - \cos\frac{\pi x}{2l}\right) \tag{2.58}$$

2.3.2　瑞利-李兹法求解理想柱欧拉临界力

有关理想柱的弯曲应变能和理想柱的临界应力的推导已经在 1.2.3 节中阐述,这里就不再重复。

2.3.3　用理想柱挠曲线求解阶梯柱的长度系数

用理想柱挠曲线求解阶梯柱的长度系数的临界应力的推导已经在 1.2.4 节中阐述,这里就不再重复。

2.3.4　假设挠曲线为抛物线求解阶梯柱的长度系数

通过假设阶梯柱变形曲线,利用能量法计算阶梯柱的屈曲临界力,考虑到二次曲线与余弦函数的接近性,也有学者提出使用抛物线来假设挠曲线[37]。

$$y = \delta\frac{x^2}{l^2} \tag{2.59}$$

弯曲应变能为:

$$\begin{aligned}
\Delta U &= \int_0^{l_1} \frac{M^2}{2EI_1}\mathrm{d}x + \int_{l_1}^{l_2} \frac{M^2}{2EI_2}\mathrm{d}x + \cdots + \int_{l_{n-1}}^{l_n} \frac{M^2}{2EI_n}\mathrm{d}x \\
&= \frac{P^2\delta^2}{2l^4 E}\left[\frac{8l^5}{15I_n} + \sum_{i=1}^{n-1}\left(\frac{1}{I_i} - \frac{1}{I_{i+1}}\right)\left(l^4 l_i - \frac{2}{3}l^2 l_i^3 + \frac{l_i^5}{5}\right)\right]
\end{aligned} \tag{2.60}$$

$$\Delta T = \frac{P}{2}\int_0^l \left(\frac{\mathrm{d}y}{\mathrm{d}x}\right)^2 \mathrm{d}x = \frac{2}{3}\frac{P\delta^2}{l} \tag{2.61}$$

同上,可得

$$\mu_2 = \sqrt{\frac{3\pi^2 I_1}{16l^5}\left[\frac{8l^5}{15I_n} + \sum_{i=1}^{n-1}\left(\frac{1}{I_i} - \frac{1}{I_{i+1}}\right)\left(l^4 l_i - \frac{2}{3}l^2 l_i^3 + \frac{l_i^5}{5}\right)\right]} \tag{2.62}$$

2.3.5　不同方法计算的阶梯柱长度系数对比

2.3.5.1　不同方法计算的 2 阶阶梯柱长度系数对比

首先,对于阶梯柱模型,使用上面的 Levenberg-Marquardt 数值法求解 n 阶梯柱的超越方程，可以求出整个阶梯柱模型的临界力 P，此临界力与相同约束条件下，与阶梯柱长度相等的基本臂截面所构成均等截面柱的临界力对比，就可以求出 n 阶阶梯柱的长度系数 μ_2。

这里针对于 2 阶阶梯柱模型，与本节介绍的理想柱挠曲线法、抛物线法与 ANSYS 17.0 求解法进行对比。

由图 2.15~图 2.21 可以看出，对于 2 阶阶梯柱其长度系数值 μ_2，使用理想柱挠曲线的能量法和数值法与使用 ANSYS 17.0 所计算出的差值非常接近。其中

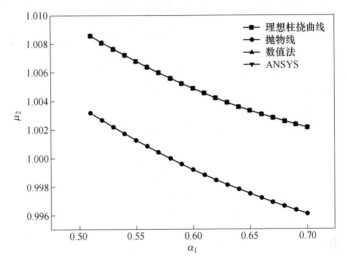

图 2.15　不同方法计算的 2 阶阶梯柱长度系数 μ_2 值（$\beta_1 = 1.1$）

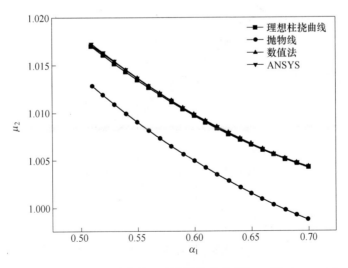

图 2.16　不同方法计算的 2 阶阶梯柱长度系数 μ_2 值（$\beta_1 = 1.2$）

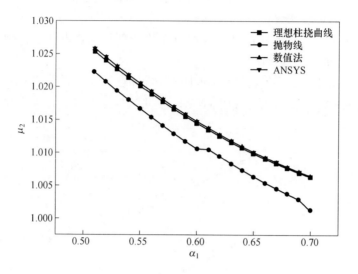

图 2.17 不同方法计算的 2 阶阶梯柱长度系数 μ_2 值 ($\beta_1 = 1.3$)

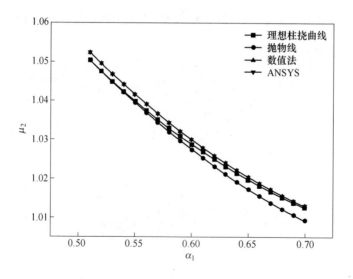

图 2.18 不同方法计算的 2 阶阶梯柱长度系数 μ_2 值 ($\beta_1 = 1.6$)

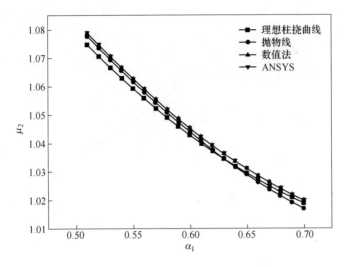

图 2.19 不同方法计算的 2 阶阶梯柱长度系数 μ_2 值（$\beta_1 = 1.9$）

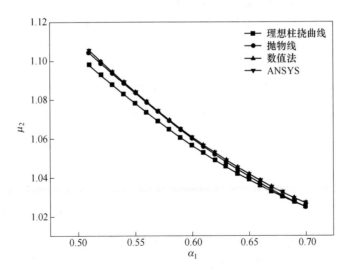

图 2.20 不同方法计算的 2 阶阶梯柱长度系数 μ_2 值（$\beta_1 = 2.2$）

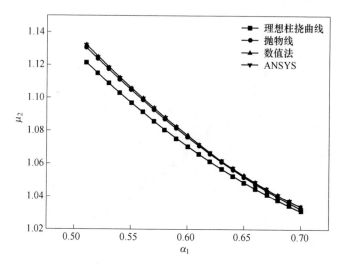

图 2.21 不同方法计算的 2 阶阶梯柱长度系数 μ_2 值（$\beta_1 = 2.5$）

数值法与 ANSYS 结果最为接近，最大相对误差为 1.7×10^{-4}，可以看出 n 阶压杆稳定性计算的递推公式的精度是比较高的。但使用抛物线作为挠曲线的近似曲线的能量法所计算出的长度系数 μ_2 随着 β_1 的增大与其他三种方法的误差变小，但在 β_1 较小时长度系数 μ_2 的误差比较大。因此在这四种方法中，使用抛物线作为挠曲线的近似曲线产生的误差最大。此外，随着第二阶柱（I_2）的惯性矩的增大相当于是基础臂的惯性矩的增加，长度系数 μ_2 减小，即阶梯柱的临界力逐渐增大；随着第一阶臂架（I_1）长度与全臂架长度之比（α_1 增加），即第二阶柱的相对长度的减小，长度系数 μ_2 非线性减小。

因此对于使用 GB/T 3811—2008 时，当选用了表中没有的 β_1 时，使用比较接近的数值进行线性插值才可以得到更为准确的结果，但目前国家标准中推荐使用的是线性法，但实际上在 2 阶阶梯柱的时候已经呈现出明显的非线性；另外第 2 阶臂架长度（l_2）与全臂架长度（l）之比（α_1）不同时，也会影响最终的长度系数值 μ_2，因此，即使是 2 阶阶梯柱，μ_2 的精确计算是非常必要的。

2.3.5.2 多阶阶梯柱的长度系数对比

由表 2.6 可以看出，对于 3 阶阶梯柱其长度系数值 μ_2，使用抛物线作为挠曲线的近似曲线的能量法所计算出的长度系数 μ_2 与其他三种方法产生了巨大的误差，与 ANSYS 最大误差值接近 60%，因而这种方法，无法用于 3 阶及以上阶梯柱的临界力的计算。而采用理想柱的能量法与 ANSYS 也产生了较大的误差。然而数值法与 ANSYS 结果依然非常接近，最大相对误差为 1.8×10^{-5}。

为了与 GB/T 3811—2008 进行对比，我们采用了与国家标准相类似的表格[38]。由表 2.6~表 2.9 可以看出，对于 3 阶、4 阶、5 阶阶梯柱，使用数值法

表 2.6 3 阶阶梯柱计算长度系数及比较

α_1	α_2	β_2	β_3	理想柱挠曲线	抛物线法	数值法	GB/T 3811—2008	ANSYS
0.4	0.7	1.3	1.3	1.04364	1.12453	1.05296	1.053	1.053
0.4	0.7	1.3	1.6	1.04973	1.20234	1.06176		1.06176
0.4	0.7	1.3	1.9	1.05578	1.2754	1.07073		1.07073
0.4	0.7	1.3	2.2	1.0618	1.3445	1.07991		1.0799
0.4	0.7	1.3	2.5	1.06778	1.41022	1.08929	1.089	1.08927
0.4	0.7	1.6	1.3	1.07964	1.18445	1.09902	1.099	1.09901
0.4	0.7	1.6	1.6	1.08552	1.27505	1.10991		1.10989
0.4	0.7	1.6	1.9	1.09138	1.35962	1.12106		1.12104
0.4	0.7	1.6	2.2	1.0972	1.43923	1.13247		1.13243
0.4	0.7	1.6	2.5	1.10299	1.51466	1.14411	1.144	1.14407
0.4	0.7	1.9	1.3	1.11447	1.24148	1.1443	1.144	1.14427
0.4	0.7	1.9	1.6	1.12018	1.34383	1.15723		1.1572
0.4	0.7	1.9	1.9	1.12585	1.43891	1.17049		1.17044
0.4	0.7	1.9	2.2	1.1315	1.52809	1.18403		1.18398
0.4	0.7	1.9	2.5	1.13712	1.61235	1.19784	1.198	1.19778
0.4	0.7	2.2	1.3	1.14826	1.296	1.18868	1.189	1.18865
0.4	0.7	2.2	1.6	1.15379	1.40925	1.20359		1.20354
0.4	0.7	2.2	1.9	1.1593	1.51406	1.21885		1.21879
0.4	0.7	2.2	2.2	1.16478	1.61206	1.23443		1.23435
0.4	0.7	2.2	2.5	1.17024	1.70444	1.25031	1.25	1.25021
0.4	0.7	2.5	1.3	1.18107	1.34832	1.23212	1.232	1.23206
0.4	0.7	2.5	1.6	1.18645	1.47178	1.2489		1.24884
0.4	0.7	2.5	1.9	1.19181	1.58565	1.26607		1.26599
0.4	0.7	2.5	2.2	1.19715	1.69187	1.28359		1.28349
0.4	0.7	2.5	2.5	1.20246	1.79181	1.30142	1.301	1.3013

表 2.7 2阶、3阶阶梯柱计算长度系数及比较

伸缩臂几何特性	2阶　$\alpha_1 = 0.6$, $\beta_2 = \dfrac{l_1}{l_2}$					3阶　$\alpha_1 = 0.4$, $\beta_2 = \dfrac{l_1}{l_2}$, $\alpha_2 = 0.7$, $\beta_3 = \dfrac{l_2}{l_3}$									
β_2	1.3	1.6	1.9	2.2	2.5	1.3	1.3	1.6	1.6	1.9	1.9	2.2	2.2	2.5	2.5
β_3	—	—	—	—	—	1.3	2.5	1.3	2.5	1.3	2.5	1.3	2.5	1.3	2.5
GB/T 3811—1983	1.015	1.03	1.045	1.061	1.077	1.053	1.089	1.099	1.144	1.144	1.198	1.189	1.25	1.232	1.301
理想柱	1.01449	1.02877	1.04285	1.05675	1.07047	1.04364	1.06778	1.07964	1.10299	1.11447	1.13712	1.14826	1.17024	1.18107	1.20246
数值法	1.01057	1.0274	1.04396	1.06026	1.07631	1.12453	1.41022	1.18445	1.51466	1.24148	1.61235	1.296	1.70444	1.34832	1.79181
ANSYS	1.01477	1.02989	1.04532	1.06101	1.07694	1.05296	1.08929	1.09902	1.14411	1.1443	1.19784	1.18868	1.25031	1.23212	1.30142
GB/T 3811—2008	1.0148	1.02992	1.04533	1.06102	1.07692	1.053	1.08927	1.09901	1.14407	1.14427	1.19778	1.18865	1.25021	1.23206	1.3013

表 2.8　4 阶阶梯柱计算长度系数及比较

$$\alpha_1 = 0.34,\quad \beta_2 = \frac{l_1}{l_2},\quad \alpha_2 = 0.56,\quad \beta_3 = \frac{l_2}{l_3},\quad \alpha_3 = 0.78,\quad \beta_4 = \frac{l_3}{l_4}$$

伸缩臂几何特性

第一部分（$\beta_2 = 1.6$）

方法 \ β_4	1.3						1.6						1.9					
β_3	1.3	1.3	1.6	1.6	1.9	1.9	1.3	1.3	1.6	1.6	1.9	1.9	1.3	1.3	1.6	1.6	1.9	1.9
β_2 (内)	1.3	2.5	1.3	2.5	1.3	2.5	1.3	2.5	1.3	2.5	1.3	2.5	1.3	2.5	1.3	2.5	1.3	2.5
GB/T 3811	1.086	1.105	1.113	1.138	1.14	1.17	1.147	1.171	1.167	1.203	1.194	1.236	1.179	1.21	1.212	1.249	1.244	1.288
理想柱	1.05561	1.06529	1.07116	1.0807	1.08649	1.09589	1.09107	1.10044	1.1016	1.11088	1.11651	1.12566	1.10612	1.11536	1.12097	1.13009	1.13562	1.14462
数值法	1.08597	1.10544	1.11266	1.13752	1.13962	1.17008	1.14731	1.17114	1.1668	1.20292	1.1941	1.23586	1.17949	1.20989	1.21193	1.249	1.24448	1.27687
ANSYS	1.08603	1.10543	1.11266	1.1375	1.13962	1.17004	1.14731	1.17112	1.16679	1.20286	1.19407	1.23579	1.17948	1.20985	1.21191	1.24894	1.24445	1.28813

第二部分（$\beta_2 = 2.2$）

方法 \ β_4	1.6						1.9						2.2					
β_3	1.3	1.3	1.6	1.6	1.9	1.9	1.3	1.3	1.6	1.6	1.9	1.9	1.3	1.3	1.6	1.6	1.9	1.9
β_2 (内)	1.3	2.5	1.3	2.5	1.3	2.5	1.3	2.5	1.3	2.5	1.3	2.5	1.3	2.5	1.3	2.5	1.3	2.5
GB/T 3811	1.277	1.327	1.207	1.235	1.244	1.279	1.281	1.325	1.319	1.37	1.356	1.414	1.264	1.296	1.306	1.346	1.348	1.397
理想柱	1.12542	1.1345	1.14001	1.14898	1.15442	1.16328	1.16866	1.17741	1.18272	1.19137	1.15874	1.16756	1.17292	1.18164	1.18694	1.19555	1.12542	1.1345
数值法	1.20655	1.23454	1.24388	1.27944	1.28136	1.32454	1.31881	1.36953	1.35609	1.41418	1.26378	1.29566	1.30588	1.34626	1.34802	1.39686	1.20655	1.23454
ANSYS	1.20654	1.2345	1.24385	1.27938	1.28132	1.32445	1.31876	1.36941	1.35602	1.41403	1.26375	1.29561	1.30585	1.34618	1.34796	1.39674	1.20654	1.2345

续表2.8

	2.2				2.5									
β_2														
β_3	2.2		2.5		1.3		1.6		1.9		2.2		2.5	
β_4	1.3	2.5	1.3	2.5	1.3	2.5	1.3	2.5	1.3	2.5	1.3	2.5	1.3	2.5
GB/T 3811	1.39	1.447	1.432	1.497	1.319	1.355	1.366	1.411	1.412	1.466	1.458	1.521	1.504	1.576
理想柱	1.20078	1.2093	1.19113	1.19972	1.19113	1.19972	1.20493	1.21342	1.21858	1.22697	1.23207	1.24037	1.24542	1.25363
数值法	1.38997	1.44712	1.4316	1.49683	1.31906	1.35461	1.36563	1.41051	1.41209	1.46619	1.45822	1.52132	1.50386	1.57568
ANSYS	1.3899	1.44697	1.43151	1.49664	1.31902	1.35454	1.36558	1.4104	1.41202	1.46605	1.45813	1.52114	1.50375	1.57546

表2.9 5阶梯柱计算长度系数及比较

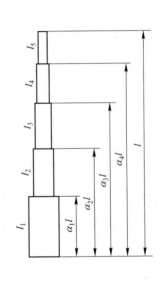

$\alpha_1 = 0.24$, $\beta_2 = \dfrac{l_1}{l_2}$, $\alpha_2 = 0.43$, $\beta_3 = \dfrac{l_2}{l_3}$, $\alpha_3 = 0.62$, $\beta_4 = \dfrac{l_3}{l_4}$, $\alpha_4 = 0.81$, $\beta_5 = \dfrac{l_4}{l_5}$

伸缩臂 几何 特性

续表2.9

$\beta_2 = 1.3$

β_3	1.3	1.3	1.3	1.3	1.6	1.6	1.6	1.6	1.9	1.9	1.9	1.9	2.2	2.2	2.2	2.2	2.5	2.5	2.5	2.5
β_4	1.3	1.3	2.5	2.5	1.3	1.3	2.5	2.5	1.3	1.3	2.5	2.5	1.3	1.3	2.5	2.5	1.3	1.3	2.5	2.5
β_5	1.3	2.5	1.3	2.5	1.3	2.5	1.3	2.5	1.3	2.5	1.3	2.5	1.3	2.5	1.3	2.5	1.3	2.5	1.3	2.5
GB/T 3811	1.152	1.168	1.245	1.281	1.206	1.226	1.32	1.364	1.259	1.283	1.392	1.444	1.31	1.338	1.461	1.52	1.36	1.392	1.529	1.594
理想柱	1.07825	1.0844	1.11811	1.12405	1.10237	1.10839	1.14139	1.1472	1.12597	1.13186	1.1642	1.1699	1.14909	1.15486	1.18658	1.19217	1.17175	1.1741	1.20853	1.21402
数值法	1.15224	1.1684	1.24518	1.28098	1.20587	1.22609	1.31959	1.36368	1.25852	1.28266	1.3917	1.44351	1.31003	1.33793	1.46141	1.52038	1.36033	1.39181	1.52875	1.59439
ANSYS	1.15223	1.1684	1.24518	1.28092	1.20586	1.22607	1.31955	1.3636	1.2585	1.28263	1.39164	1.4434	1.31001	1.33788	1.46134	1.52024	1.3603	1.39175	1.52866	1.59422

$\beta_2 = 1.6$

β_3	1.3	1.3	1.3	1.3	1.6	1.6	1.6	1.6	1.9	1.9	1.9	1.9	2.2	2.2	2.2	2.2	2.5	2.5	2.5	2.5
β_4	1.3	1.3	2.5	2.5	1.3	1.3	2.5	2.5	1.3	1.3	2.5	2.5	1.3	1.3	2.5	2.5	1.3	1.3	2.5	2.5
β_5	1.3	2.5	1.3	2.5	1.3	2.5	1.3	2.5	1.3	2.5	1.3	2.5	1.3	2.5	1.3	2.5	1.3	2.5	1.3	2.5
GB/T 3811	1.24	1.259	1.349	1.391	1.302	1.326	1.435	1.486	1.363	1.391	1.517	1.577	1.422	1.455	1.596	1.664	1.48	1.517	1.673	1.748
理想柱	1.11689	1.12283	1.15542	1.16117	1.1402	1.14601	1.17796	1.1836	1.16303	1.16873	1.20008	1.20561	1.18543	1.19102	1.2218	1.22723	1.20741	1.2129	1.24313	1.24847
数值法	1.23972	1.25892	1.35719	1.39078	1.30216	1.326	1.43454	1.48592	1.3631	1.39139	1.51719	1.57714	1.42243	1.45494	1.59669	1.66454	1.48011	1.51663	1.67319	1.74836
ANSYS	1.23971	1.25889	1.34869	1.3907	1.30214	1.32596	1.43448	1.4858	1.36307	1.39134	1.51711	1.57699	1.42239	1.45487	1.5966	1.66436	1.48007	1.51655	1.67307	1.74816

$\beta_2 = 1.9$

β_3	1.3	1.3	1.3	1.3	1.6	1.6	1.6	1.6	1.9	1.9	1.9	1.9	2.2	2.2	2.2	2.2	2.5	2.5	2.5	2.5
β_4	1.3	1.3	2.5	2.5	1.3	1.3	2.5	2.5	1.3	1.3	2.5	2.5	1.3	1.3	2.5	2.5	1.3	1.3	2.5	2.5
β_5	1.3	2.5	1.3	2.5	1.3	2.5	1.3	2.5	1.3	2.5	1.3	2.5	1.3	2.5	1.3	2.5	1.3	2.5	1.3	2.5
GB/T 3811	1.322	1.344	1.446	1.493	1.392	1.42	1.542	1.599	1.461	1.493	1.634	1.701	1.527	1.564	1.722	1.798	1.591	1.633	1.807	1.89
理想柱	1.15424	1.15999	1.19157	1.19713	1.17681	1.18244	1.21343	1.21343	1.19894	1.20448	1.23492	1.24029	1.22068	1.22612	1.25603	1.26131	1.24204	1.24738	1.27679	1.28199
数值法	1.32211	1.34405	1.44556	1.49326	1.39246	1.41958	1.54159	1.59948	1.46084	1.49286	1.63365	1.70085	1.52716	1.56381	1.72189	1.79766	1.59146	1.63248	1.80657	1.89026
ANSYS	1.32209	1.34402	1.44551	1.49316	1.39244	1.41953	1.54152	1.59934	1.4608	1.49279	1.63355	1.70068	1.52711	1.56373	1.72177	1.79745	1.5914	1.63238	1.80643	1.89002

续表 2.9

β_2	2.2																		
β_3	1.3	1.3	1.3	1.6	1.6	1.6	1.6	1.9	1.9	1.9	1.9	2.2	2.2	2.2	2.2	2.5	2.5	2.5	2.5
β_4	1.3	2.5	2.5	1.3	1.3	2.5	2.5	1.3	1.3	2.5	2.5	1.3	1.3	2.5	2.5	1.3	1.3	2.5	2.5
β_5	1.3	1.3	2.5	1.3	2.5	1.3	2.5	1.3	2.5	1.3	2.5	1.3	2.5	1.3	2.5	1.3	2.5	1.3	2.5
GB/T 3811	1.4	1.537	1.59	1.478	1.508	1.642	1.706	1.553	1.588	1.743	1.817	1.626	1.666	1.839	1.922	1.696	1.741	1.931	2.022
理想柱	1.19042	1.22664	1.23205	1.21231	1.21778	1.2479	1.25321	1.23381	1.23919	1.26879	1.27403	1.25494	1.26023	1.28935	1.2945	1.27573	1.28093	1.30959	1.31466
数值法	1.4001	1.53674	1.58958	1.47768	1.50778	1.64205	1.70587	1.55282	1.58824	1.74267	1.81654	1.62552	1.66594	1.83888	1.92185	1.69583	1.74096	1.93102	2.02247
ANSYS	1.40007	1.53668	1.58946	1.47764	1.50772	1.64197	1.70571	1.55277	1.58816	1.74256	1.81628	1.62546	1.66584	1.83874	1.92162	1.69576	1.74084	1.93086	2.0222

β_2	2.5																		
β_3	1.3	1.3	1.3	1.6	1.6	1.6	1.6	1.9	1.9	1.9	1.9	2.2	2.2	2.2	2.2	2.5	2.5	2.5	2.5
β_4	1.3	2.5	2.5	1.3	1.3	2.5	2.5	1.3	1.3	2.5	2.5	1.3	1.3	2.5	2.5	1.3	1.3	2.5	2.5
β_5	1.3	1.3	2.5	1.3	2.5	1.3	2.5	1.3	2.5	1.3	2.5	1.3	2.5	1.3	2.5	1.3	2.5	1.3	2.5
GB/T 3811	1.474	1.501	1.623	1.559	1.591	1.737	1.806	1.64	1.678	1.845	1.925	1.718	1.762	1.949	2.039	1.794	1.846	2.048	2.147
理想柱	1.22553	1.23094	1.26074	1.2468	1.25213	1.28143	1.28661	1.26772	1.27295	1.30179	1.30689	1.2883	1.29345	1.32184	1.32686	1.30855	1.31362	1.34159	1.34653
数值法	1.47424	1.50104	1.62308	1.5585	1.59136	1.73696	1.80624	1.6399	1.67846	1.84548	1.92546	1.71848	1.76238	1.94904	2.03878	1.79434	1.84327	2.04808	2.1467
ANSYS	1.47421	1.50098	1.62308	1.55846	1.59129	1.73685	1.80605	1.63984	1.67837	1.84535	1.92515	1.7184	1.76226	1.94888	2.0384	1.79426	1.84313	2.0479	2.1464

计算出的长度系数值 μ_2 与使用 ANSYS 17.0 所计算出的值比 GB/T 3811—2008 还要接近。使用理想柱的挠曲线的能量法计算出的长度系数也产生了高达 20%的误差，因此在阶梯柱的阶数较高时，这种方法将产生重大误差。并且可以发现 GB/T 3811 中缺少的 μ_2 值可以根据插值法进行计算，其值在小范围内线性度较高，插值误差很小。

另外，对于国家标准中没有给出的 β_i 值，使用线性插值法进行长度系数的计算，其值在小区间内插线性度较高，插值误差很小，但大区间的插值和外插值还需要谨慎使用。

对于大型工程起重机来说，伸缩臂架作为主要的受力部件，决定着起重机的主要性能，相对于桁架式臂架其具有更强的灵活性，因而在工程起重机当中被大量使用，有关其的研究至关重要。

我国现行的国家标准采用了精确有限元法为规范的阶梯柱稳定性分析精确计算方法，但这种方法对于多阶阶梯柱来说，其刚度矩阵相当庞大，特征方程复杂，对于常见支撑形式的阶梯柱稳定性精确数值解常通过试凑法获得，计算量巨大，给实际应用带来了一定的困难。在现行的设计规范中使用了图表来表示 2~5 阶阶梯柱的部分特殊组合的情况下的长度系数。当阶数超过 5 阶时，设计规范就无法应用；并且在非特定组合时使用线性拟合的方法，但却没有给出线性拟合的误差。这时规范的使用就无法满足实际工程的需要，因而需要一种方法，可以较方便且迅速地求解 5 阶及以上阶梯柱临界力的方法，并且对于各种非特殊组合也可以给出高精度的解就成为迫切需要。

使用伸缩臂的阶梯柱模型，对 n 阶阶梯柱的稳定性微分方程组进行推导，得到 n 阶阶梯柱特征方程的递推公式，根据阶梯柱模型的力学和结构特性，列写补充方程；使用 Levenberg-Marquardt 数值算法求解 n 阶阶梯柱的超越方程组可以解决 5 阶及以上阶梯柱的求解问题。此算法与现行国家标准 GB/T 3811—2008 和 ANSYS 17.0 所得结果进行对比，结果表明 n 阶阶梯柱递推公式正确；数值解法相比其他的计算方法通用性更强，精度更高；此外，阶梯柱模型的长度系数具有一定的非线性，小范围内的插值不会产生太大的误差。

但对于大截面的阶梯柱模型，使用插值法计算，临界力的误差较大。传统的理想柱模型和抛物线模型在 3 阶以上阶梯柱就会产生较大误差，建议使用数值法和有限元法进行精确计算。

3 超起装置对伸缩臂线性屈曲分析的影响

伸缩臂是全地面起重机最重要的部件之一，直接决定起重机的起升性能。大量伸缩臂失效的案例显示，伸缩臂的失效大部分是由失稳造成的。随着客户对全地面起重机的起重量和起升高度的要求提高，伸缩臂的全伸长度越来越长，保证伸缩臂的稳定性成了发展超大型全地面起重机必须解决的问题之一。目前五节以上伸缩臂普遍采用单缸插销式伸缩机构并加装超起装置，当伸缩臂全伸时伸缩油缸已不再承受吊重载荷。但我国五节以上伸缩臂及其超起装置的设计在《起重机设计规范》（GB/T 3811—2008）中暂无相应规范，仍处于摸索探究阶段。伸缩臂的稳定性主要研究内容是确定其失稳形态和屈曲临界载荷。近年来，国内外行业专家对伸缩臂、细长杆等的稳定性给予了足够的重视，并取得了丰硕成果。

细薄结构受到压缩载荷，还未达到材料强度极限而出现的失效状态称为屈曲。屈曲的特点是结构件在受到高压应力时突然失效，而失效点的实际压应力小于材料所能承受的极限压应力。细长杆件（例如柱，其长度远大于其横截面）受到临界载荷时，会倒向一侧而不是继续承受更多载荷。

屈曲分析主要用于研究结构在特定载荷下的稳定性以及确定结构失稳的临界载荷，屈曲分析包括：线性屈曲和非线性屈曲分析。线弹性失稳分析又称特征值屈曲分析；线性屈曲分析可以考虑固定的预载荷，也可使用惯性释放；非线性屈曲分析包括几何非线性失稳分析，弹塑性失稳分析，非线性后屈曲（Snap-through）分析。线性屈曲分析常常高估了结构的强度与稳定性，从而导致非保守结果。因此，它不应作为唯一的衡量标准。然而，线性屈曲分析至少提供了预期的变形形状信息[40]。

3.1 特征值屈曲分析与几何非线性屈曲分析理论基础

对大长细比的结构进行屈曲分析，最主要的目的是寻找结构的失稳临界载荷，为结构设计提供参考，降低失稳事故的发生，而且还可以得到结构失稳时的屈曲模态，了解结构可能发生失稳的方向。屈曲分析有线性（特征值）和非线性两种。两种分析方法求得的屈曲载荷可能会有很大的差别，为了更好地借助ANSYS 软件对全地面起重机组合臂架系统进行屈曲分析，首先分析一下线性和非线性屈曲的理论基础。

3.1.1 特征值屈曲分析理论基础

本节从能量法的角度解析特征值屈曲分析的理论基础。能量守恒原理、势能驻值原理和最小势能原理是能量法的三大内容。作为一个普适原理，平衡状态下的保守体系，结构的应变能与外力功相等，这便是能量守恒原理[23]。此原理认为，处于平衡状态的弹性结构，在外力作用下出现微小变形，外力功 W 驱使结构变形，应变势能 U 抵抗结构变形，用 ΔW 表示外力功的增量，用 ΔU 表示应变势能的增量，则当 $\Delta U > \Delta W$ 时，结构处于平衡状态；当 $\Delta U < \Delta W$ 时，结构处于不平衡状态；由稳定平衡状态过渡到不稳定平衡状态的能量关系式为：

$$\Delta U = \Delta W \tag{3.1}$$

势能驻值原理用于判断结构是否处于平衡状态，表述如下：某一结构体系在外力作用下产生微小位移，但其总势能并未改变，故可判定此结构体系处于平衡状态[9]。保守系统的总势能 Π 等于应变势能 U 与外力势能 V 之和，外力势能 V 为外力功 W 的负值，则：

$$\Pi = U + V = U - W \tag{3.2}$$

由于应变势能 U 与外力势能 V 均是位移 u 的函数，位移 u 是位置坐标的函数，故总势能 Π 是位移 u 的泛函，势能驻值原理可表示为总势能 Π 关于变形 u 的一阶变分为零，即：

$$\delta\Pi = \delta(U + V) = 0 \tag{3.3}$$

最小势能原理用于判断结构的平衡状态是否稳定，其表述为：处于稳定平衡状态的结构体系，若在外力作用下有微小位移，则总势能的二阶变分 $\delta^2\Pi > 0$，总势能最小。推导过程如下：

结构体系的总势能 Π 是位移 u 的泛函，可表示为 $\Pi(u)$，当结构有微小位移 δu 时，总势能变为 $\Pi(u + \delta u)$，利用泰勒级数展开可得：

$$\Pi(u + \delta u) = \Pi(u) + \frac{\mathrm{d}\Pi(u)}{\mathrm{d}u}\delta u + \frac{1}{2!}\frac{\mathrm{d}^2\Pi(u)}{\mathrm{d}u^2}(\delta u)^2 + \frac{1}{3!}\frac{\mathrm{d}^3\Pi(u)}{\mathrm{d}u^3}(\delta u)^3 + \cdots \tag{3.4}$$

则总势能的增量为：

$$\Delta\Pi = \Pi(u + \delta u) - \Pi(u) = \frac{\mathrm{d}\Pi(u)}{\mathrm{d}u}\delta u + \frac{1}{2!}\frac{\mathrm{d}^2\Pi(u)}{\mathrm{d}u^2}(\delta u)^2 +$$
$$\frac{1}{3!}\frac{\mathrm{d}^3\Pi(u)}{\mathrm{d}u^3}(\delta u)^3 + \cdots \tag{3.5}$$

即

$$\Delta\Pi = \delta\Pi\delta u + \frac{1}{2!}\delta^2\Pi(\delta u)^2 + \frac{1}{3!}\delta^3\Pi(\delta u)^3 + \cdots + \frac{1}{n!}\delta^n\Pi(\delta u)^n + \cdots \tag{3.6}$$

由式（3.6）可知，结构体系处于平衡状态时，总势能的一阶变分为零，即 $\delta\Pi = 0$。则判断此时的平衡状态是否稳定的条件就取决于总势能的二阶变分 $\delta^2\Pi$，当 $\delta^2\Pi > 0$ 时，$\Delta\Pi > 0$，可知此时结构的平衡状态是稳定的；当 $\delta^2\Pi < 0$ 时，$\Delta\Pi < 0$，可知此时结构的平衡状态是不稳定的；当 $\delta^2\Pi = 0$ 时，也可由此式求得结构体系的临界屈曲载荷，但需要通过总势能 Π 的更高阶变分才能判断结构的平衡状态是否稳定。

本章所采用的特征值屈曲分析方法，便是基于最小势能原理推出。运用有限元的离散思想，可得到结构体系的总势能表达式：

$$\Pi = \frac{1}{2}u^{\mathrm{T}}Ku - u^{\mathrm{T}}F \tag{3.7}$$

其中，K 是结构的整体刚度矩阵，F 为节点所受的载荷，u 是结构的节点位移。由最小势能原理知，对于任何平衡状态，必须满足总势能的一阶变分为零的条件[39]，由此可得结构的平衡方程：

$$Ku = F \tag{3.8}$$

式中，结构的整体刚度矩阵 K 等于结构的弹性刚度矩阵 K_E 与结构的几何刚度矩阵（又称初应力矩阵）K_G 之和，即 $K = K_E + K_G$。特征值屈曲分析是建立在小变形线弹性理论基础上的，在这种假设下，在结构未屈曲时材料处于弹性状态，载荷 F 与初应力刚度矩阵 K_G 具有相同的线性关系，下面是陆念力[40]推导的纵横弯曲状态下梁单元的精确刚度矩阵：

$$K = \frac{EI}{l^3}\begin{bmatrix} 12 & 6l & -12 & 6l \\ 6l & 4l^2 & -6l & 2l^2 \\ -12 & -6l & 12 & -6l \\ 6l & 2l^2 & -6l & 4l^2 \end{bmatrix} + \frac{P}{30l}\begin{bmatrix} 36 & 3l & -l^2 & 3l \\ 3l & 4l^2 & -3l & -36 \\ -36 & -3l & 36 & -3l \\ 3l & -l^2 & -3l & 4l^2 \end{bmatrix} = K_E + K_G$$

在这个例子中，初应力刚度矩阵 K_G 与外载荷 P 就是线性关系。故若对结构施加载荷 F_0，结构的初应力刚度矩阵为 K_{G0}，当施加载荷 $F = \lambda F_0$ 时，结构的初应力刚度矩阵为 $K_G = \lambda K_{G0}$，此时结构的平衡方程为：

$$(K_E + \lambda K_{G0})u = \lambda F_0 \tag{3.9}$$

当 F 增大至临界点处，即便 F 不发生变化，原有结构会转到与其原有平衡状态相邻的平衡状态，平衡位移 u 变为 $u + \Delta u$，此时结构的平衡方程为：

$$(K_E + \lambda K_{G0})(u + \Delta u) = \lambda F_0 \tag{3.10}$$

方程（3.10）减去方程（3.9），得：

$$(K_{Ex} + \lambda K_{G0})\Delta u = 0 \tag{3.11}$$

式中，λ 为载荷乘子（也称为载荷因子或特征值）；Δu 为结构发生屈曲时的屈曲模态。式（3.11）的形式与线性代数中的 $A\alpha = \lambda\alpha$ 类似，故可将其归为求解特征值的问题，为了使方程（3.11）有非平凡解，需要满足：

$$|K_{\mathrm{E}} + \lambda K_{\mathrm{G0}}| = 0 \qquad\qquad (3\text{-}12)$$

即结构的切线刚度矩阵为奇异矩阵，其行列式为零。

ANSYS 帮助文档中显示，若在特征值屈曲分析时仅施加一个单位载荷，则求解得到的一阶载荷因子即为结构的临界屈曲载荷，若施加的是真实的载荷且仅有一个，则临界屈曲载荷为载荷因子与所施加真实载荷的乘积。但在工程实际中，结构大都不是仅受单一载荷的作用，而是多种载荷共同作用，在复杂载荷工况下对结构进行特征值屈曲分析时，由于软件中的程序并不区分载荷的类型，载荷因子 λ 对施加在结构上的所有载荷统一进行缩放，例如对于恒载+活载的工况，需要不断调整活载进行迭代求解，直到载荷因子 λ 趋近于 1，此时施加于结构上的活载的载荷即为结构发生屈曲时所能承受的最大载荷。

3.1.2　几何非线性屈曲分析理论基础

特征值屈曲分析建立在小变形线弹性理论基础上的，基于这种假设得到的临界屈曲载荷是非保守的，甚至远高于实际的破坏载荷，因此，若是想应用到工程实际中，就需要对结构进行非线性屈曲分析。其中非线性行为根据考虑的因素的不同又可分为三种，即材料、几何、状态非线性[41]。非线性屈曲分析是基于大变形理论的，此时载荷 F 与节点位移 u 呈非线性关系，结构体系的本构方程可表述为：

$$K_{\mathrm{T}}u = F \qquad\qquad (3.13)$$
$$K_{\mathrm{T}} = K_{\mathrm{E}} + K_{\mathrm{G}} + K_{\mathrm{L}} \qquad\qquad (3.14)$$

式中，K_{T} 为切线刚度矩阵；K_{E} 为弹性刚度矩阵；K_{G} 为几何刚度矩阵；K_{L} 为基于大变形的初位移矩阵。

非线性屈曲分析实际上是一种非线性静力分析[42]，需打开大变形效应，求解过程中将载荷划分为几个载荷步或者将一个载荷步划分为多个子步进行多次迭代，为了体现结构的刚度在迭代过程中的非线性变化，ANSYS 会在每个载荷步求解完成后调整结构的刚度矩阵[43]。ANSYS 中为非线性屈曲分析提供了两种常用方法：牛顿-拉普森法（即 NR 法）和弧长法[44]。NR 方法不能处理载荷-位移曲线斜率为负的情况，但相比弧长法，ANSYS 为其提供了诸多辅助收敛的工具。弧长法具有较好的抑制分析发散的能力，甚至在正切刚度矩阵为非正值时也能继续迭代，因此，采用此方法可以得到完整的载荷位移曲线，弧长法具有较好的收敛性。

3.2 有限元屈曲分析

常规结构屈曲分析软件有 NASTRAN、ABAQUS 和 ANSYS，NASTRAN 对线性大型模型分析效率较高；ABAQUS 屈曲分析使用较少；ANSYS 使用比较频繁，其快速建模，与 CAD 软件的良好借口及有限元模型前处理的便捷性（尤其是 Workbench 界面）很有吸引力，屈曲分析功能较为完善，可以进行线性、非线性和后屈曲分析。

ANSYS 软件包括了 Mechanical APDL、Workbench 两大平台。这两大平台各有自己的优缺点，就操作界面而言 Workbench 更简单一点，与其他三维软件（Solidworks、UG、Pro/E）比较类似，在里面直接建模更方便。Mechanical APDL 是 ANSYS 公司最先开发的产品，使用历史更悠久，拥有广大用户，使用 Mechanical APDL 更方便交流。采用编程语言（如 VB、VC 等）还可以对 Mechanical APDL 进行二次开发，通过参数化建模将极大地提高课题的研究效率。使用 ANSYS 平台，研究超起装置及其部分几何参数对伸缩臂屈曲临界吊重的影响规律已经成为国内许多科研机械和工程起重机厂家的首选方法。

3.3 伸缩臂屈曲分析

伸缩臂所受载荷众多，其中既有恒载也有变载，但 ANSYS Workbench 不具备识别恒载和变载的能力，对恒载也进行了缩放，这不符合实际。所以在 ANSYS Workbench 中进行线性屈曲分析时，若存在恒载，为保证恒载不被缩放，需进行不断调整变载直至特征值 $\lambda_0 = 1$ 或接近 1 时，计算对应的屈曲临界载荷。线性屈曲未考虑结构缺陷以及非线性，算出的屈曲临界载荷为上限值，但在计算效率方面远远优于非线性屈曲分析，且为非线性屈曲分析加载提供参考，所以线性屈曲仍被广泛采用[45]。

为了验证起重机 n 阶伸缩臂架稳定性的递推公式及使用 Levenberg-Marquardt 数值最优化算法的正确性，在第 2 章提到使用 ANSYS 17.0 APDL 平台（见图 2.10）编制了 9 阶及以下阶梯柱的有限元解法来求解阶梯柱的长度系数，与数值最优化算法对比，结果表明此算法与 ANSYS 结果、现行国家标准非常接近。而且比现行国家标准所能计算范围还大大增加，数值求解收敛的成功率更高。

为了提高伸缩臂起重机的起重性能，在大吨位起重机上配置了伸缩臂超起装置，亦称伸缩臂加强装置，如图 3.1 所示。此装置不同于传统履带式起重机的超起系统，有其独特的结构特点及作用原理。但现有的超起装置在控制精度和动态工作范围内的作用效果方面仍存在固有缺陷，有必要着重研究，使得超起装置和伸缩臂性能都得到充分发挥。

图 3.1　带超起装置的伸缩臂

　　国内现有的伸缩臂的理论计算只考虑了伸缩臂在平面外失稳时所产生的侧向位移，事实上伸缩臂在平面外的失稳时不单单是在侧向产生位移，其实在伸缩臂平面内由于受载后伸缩臂的几何形状由直线变成了挠曲线，所以也有平面内的纵向位移，这一点在大挠度变形中也有提及，如图 3.2 所示。另外，目前的稳定性研究中还没有考虑起升绳对稳定性的作用，只是目前考虑这些因素的失稳理论还尚不成熟。

　　随着计算机技术的快速发展，使得传统方法难以完成的计算和分析有了新的快速解决通道。借助计算机及软件程序的帮助，可以很方便地使用有限单元法研究类似带有超起装置的伸缩臂起重机柔性系统的受力与变形。也能很方便地改变一些自变量，来比较因变量的变化范围和变化规律[46]。

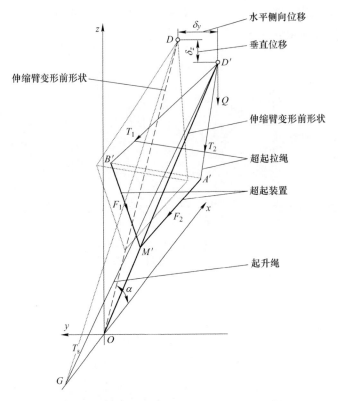

图 3.2 考虑多方向位移的超起装置的伸缩臂模型

3.4 对加装超起装置的伸缩臂屈曲分析

对加装了超起装置的伸缩臂进行特征值屈曲 ANSYS 分析的整个流程如图 3.3 所示。

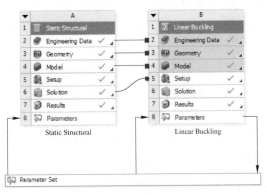

图 3.3 线性屈曲分析流程

第一步：创建 Static Structural(A)项目；第二步：创建 Linear Buckling(B)项目，进行线性屈曲分析。

3.4.1 创建 Static Structural(A)项目

如图 3.3 所示，整个带超起装置伸缩臂线性屈曲分析流程第一步首先建立 Static Structural(A)项目。双击 ANSYS Workbench 主界面 Toolbox 中的 Analysis>Static Structural 选项，即可在项目管理区创建分析项目 A。

3.4.1.1 定义材料数据

双击项目 A 中的 A2 栏 Engineering Data 项，进入材料参数设置界面，在该界面下即可进行材料参数设置。超起装置及伸缩臂的材料特性如表 3.1 所示。

表 3.1 超起装置及伸缩臂材料特性

序 号	结 构	材 料	弹性模量/GPa	泊松比
1	主臂	WELDOX1100	206	0.3
2	超起拉索	钢丝绳	150	0.3
3	超起撑杆	Q960	206	0.3
4	超起拉板	Q960	206	0.3

本章以某 300t 全地面起重机的单缸插销式伸缩臂为例，其臂节数为 6（基本臂+5 节伸缩臂），基本臂长度为 14.5m，全伸长度为 61m，其全伸工作幅度为 14~58m，最大起重量为 27.2t，最大幅度的额定起重量为 4.4t。

本章分析工况，如表 3.2 所示。

表 3.2 分析工况

臂长	变幅角度	幅长	额定吊重
61m	76°	14m	27.2t

3.4.1.2 建立几何模型

在 A3 栏的 Geometry 上单击鼠标右键，在弹出的快捷菜单中选择 New Geometry 并单击便进入 ANSYS Workbench 自带的建模板块 DesignModeler。

本章采用概念建模方式：

（1）分别在各自草绘平面建立直线，要求直线长度与伸缩臂各节臂长、超起撑杆长度、超起拉索长度、超起拉板长度一致。（将超起撑杆夹角 φ、超起撑杆长度 H、超起撑杆与伸缩臂的铰接点到基本臂根部的距离 L 设置为几何输入参数）。

（2）单击 Concept 下拉菜单的 Lines From Sketches，并选取相应直线，将 Operation 设置为 Add Frozen（如果设置为 Add Material，各条直线将自动汇合成一个

整体，无法分别赋予截面），最后单击 Generate，至此线体便生成。

（3）为各条线体赋予截面。在 Concept 下拉菜单的 Cross Section 里选取 User Defined，绘制各节臂截面、超起撑杆截面、超起拉索截面、超起拉板截面，然后分别单击各条线体，为其附上各自的截面。各线体截面如图 3.4 所示。

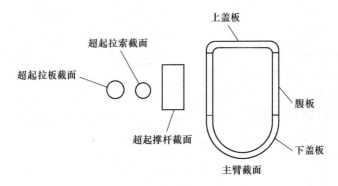

图 3.4 各线体截面

（4）单缸插销伸缩臂与臂之间是用臂销牢牢固定的，超起装置工作时也是牢牢固定在基本臂上的，故将所有 Line Body 全部选中右键点击 Form New Part 合并成一个多体线体。本章只关注超起装置及其部分几何参数对伸缩臂线性屈曲临界吊重的影响，对于伸缩臂之间的滑块不予考虑，至此带超起装置的伸缩臂模型建立已完成，如图 3.5 所示。

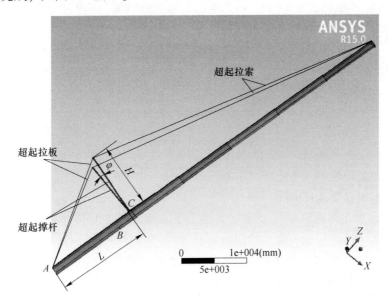

图 3.5 带超起装置的伸缩臂有限元模型

A—基本臂与转台的铰接点；*B*—变幅油缸与基本臂的铰接点；*C*—超起撑杆与基本臂铰接点

3.4.1.3 划分网格

双击主界面项目管理区项目 A4 栏 Model 项，进入 Mechanical 界面。单击 Mesh 右键点击 Generate Mesh，便可将网格划分好。本章实例网格划分后，单元类型为 BEAM188、单元数为 6160、节点数为 12317。如果网格太粗糙，可以进一步细化，将单元尺寸改小或单击 Mesh 将细节窗口中的 Relevance 值变大，将 Relevance Center 设置为 Fine。网格越细某种程度上计算结果精度越高，但大量文献表明当网格细化到一定程度后再细化对计算结果精度提升并不大，反而会增大计算量。

3.4.1.4 添加约束及载荷

为了模拟符合实际情况，将基本臂与转台的铰接点和变幅油缸与基本臂的铰接点处，分别添加 Simply Supported、Fixed Rotation，将上述基本臂两铰接点处沿 x、y、z 三个方向的平移自由度和绕 y、z 转动自由度约束，释放绕 x 轴转动自动度。超起拉索的预紧张力的施加可以采用有效载荷法、缺陷长度法、初始应变法和初始索段长度法等 4 种方式。本章将超起拉索与超起撑杆相接触的末端点添加固定约束 Fixed Supported，模拟超起拉索刚好处于拉直状态。

伸缩臂所受载荷众多，其中包括自重载荷、起升载荷、起升绳拉力、物品偏摆产生的水平力，以及风载荷等，其计算公式如下：

自重载荷：通过给模型添加重力加速度 g 来考虑重力载荷。

起升载荷 P_Q：

$$P_Q = \phi_2(m_Q + m_0)g \tag{3.15}$$

式中　　ϕ_2——起升动载系数；

　　m_Q——有效起重量；

　　m_0——吊具自重。

起升绳拉力 F_S：

$$F_S = \frac{\phi_2(m_Q + m_0)g}{n\eta} \tag{3.16}$$

式中　　n——倍率；

　　η——起升滑轮组效率。

物品偏摆产生的水平力 F_T：

$$F_T = (m_Q + m_0)g\tan\alpha \tag{3.17}$$

式中　　α——允许的物品偏摆角，α 为 6°。

风载荷 P_W：

$$P_W = CP_{\mathrm{II}}A \tag{3.18}$$

式中　　C——风力系数；

　　P_{II}——工作状态计算风压；

　　A——伸缩臂侧向的实体迎风面积。

为了计算简便，可将侧向总风力 P_W 换算成作用在臂端的集中载荷，其值为 $P_W' = 0.4P_W$。上述作用在臂端的水平载荷可集中为 $F_T + P_W'$。

将上述伸缩臂所受载荷分别加在臂端相应方向上，如图 3.6 所示。并将各受吊重影响的载荷细节栏中 Magnitude 前方框选中实现载荷参数输入，以便后面进行载荷参数驱动算出线性屈曲中的特征值 λ_0（载荷因子）。

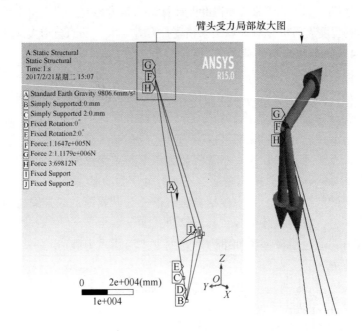

图 3.6   添加约束和载荷

A—重力加速度；F—起升绳拉力 F_S；G—起升载荷 P_Q；

H—臂端的水平载荷 $F_T + P_W'$；B，C—约束 Simply Supported；

D，E—约束 Fixed Rotation；I，J—约束 Fixed Support

3.4.2   创建 Linear Buckling(B) 项目

如图 3.3 所示，整个带超起装置伸缩臂线性屈曲分析流程第二步是建立 Linear Buckling(B) 项目。选中 A(6) Solution 右键单击 Transfer Date To New 再单击 Linear Buckling 创建项目 B，此时相关项的数据可共享。

单击 Linear Buckling(B5)>Analysis Settings，将细节栏里面的 Max Modes to Find 设置为 1。再点击 Linear Buckling(B5)>Solution(B6) 右键，单击下拉菜单里面的 Solve。此时点击 Deformation>Total，在 Solution(B6) 下将出现 Total Deformation，选中右键再点击 Evaluate All Results，将 Total Deformation 细节栏中的 Results 下 Load Multiplier 前的方框选中，实现特征值（载荷因子）λ_0 的参数输

出，至此通过变换几何参数（超起撑杆夹角 φ、超起撑杆长度 H、超起撑杆与伸缩臂的铰接点到基本臂根部的距离 L）、受吊重影响的载荷输出特征值（载荷因子）λ_0 的参数驱动建立完成。

3.5 超起装置对伸缩臂临界吊重影响

超起撑杆与伸缩臂的铰接点到基本臂根部的距离 L 确定了，超起装置在伸缩主臂上的位置便确定了；超起撑杆长度 H 确定了，超起装置最重要的几何尺寸便确定了；超起撑杆夹角 φ 确定了，超起装置工作状态便完全确定了。故本章着重分别研究 φ、H、L 对伸缩臂临界吊重的影响。

3.5.1 超起撑杆夹角 φ 影响

当超起撑杆长度 H、超起撑杆与伸缩臂的铰接点到基本臂根部的距离 L 分别为 （12m，14m）、（8m，12m）、（10m、10m）时，变换超起撑杆夹角 φ 便可得到不同超起撑杆夹角 φ 对应的临界吊重 $P_r = m_Q \lambda_0$，其对应曲线如图 3.7 所示。

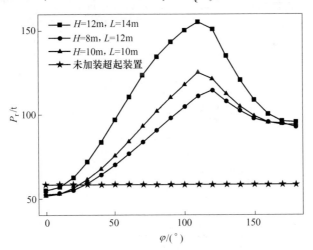

图 3.7 φ 对伸缩臂临界吊重影响曲线

3.5.2 超起撑杆长度 H 影响

当超起撑杆夹角 φ、超起撑杆与伸缩臂的铰接点到基本臂根部的距离 L 分别为（90°，14m）、（60°，12m）、（30°，10m）时，变换超起撑杆长度 H 便可以得到不同超起撑杆 H 对应的临界吊重 $P_r = m_Q \lambda_0$，其对应曲线如图 3.8 所示。

3.5.3 L 对伸缩臂临界吊重影响

当超起撑杆夹角 φ、超起撑杆长度 H 分别为（30°，10m）、（60°，12m）、

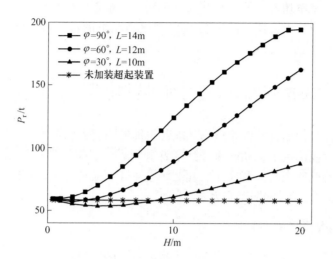

图 3.8 H 对伸缩臂临界吊重影响曲线

（90°，8m）时，变换超起撑杆与伸缩臂的铰接点到基本臂根部的距离 L 便可以得到不同 L 对应的临界吊重 $P_r = m_Q \lambda_0$，其对应曲线如图 3.9 所示。

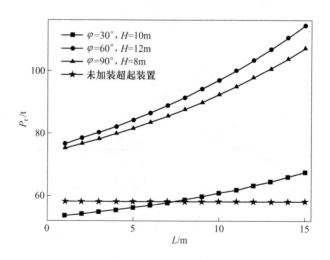

图 3.9 L 对伸缩臂临界吊重影响曲线

通过图 3.7~图 3.9 对比分析可得出以下结论：

（1）超起装置安装位置合理，超起撑杆展开角度适当将大幅度提升伸缩臂的临界吊重，相反也可能成为一种载荷导致临界吊重下降。

（2）临界吊重先随着超起撑杆夹角 φ 增大而增大，当夹角 φ 超过 110° 左右时，临界吊重随着超起撑杆夹角 φ 增大而减小。

（3）临界吊重随着超起撑杆长度 H 的增大先有一个略微减小的趋势，然后迅速增大，当超起撑杆长度 H 达到 20m 左右时继续增大 H 值对临界吊重提升不再明显。

（4）临界吊重随着超起撑杆与伸缩臂的铰接点到基本臂根部的距离 L 增大而增大，说明将超起撑杆安装在基本臂靠近末端最有利。

4 伸缩臂含几何结构缺陷的非线性屈曲分析

屈曲分析是一种用于确定结构开始变得不稳定时的临界载荷和屈曲模态形状（结构发生屈曲响应的特征形状）的技术。线性屈曲分析用于预测一个理想弹性结构的理论屈曲强度（歧点）。特征值屈曲分析经常产生非保守结果，通常不能用于实际现实生活中的工程分析。非线性屈曲分析比线性屈曲分析更精确，故建议用于对实际结构进行的设计或估计中使用非线性屈曲分析。非线性屈曲分析考虑其他因素，包括结构偏弯曲，加工缺陷（几何），材料非线性等，因此较为接近实际情况，但计算耗时较长。

本章基于 ANSYS Workbench 对单缸插销式伸缩臂进行了含几何结构缺陷的非线性屈曲分析，并通过与线性屈曲分析结果比较，发现含几何结构缺陷的非线性屈曲结果均小于线性屈曲结果。伸缩臂在加工、制造、运输过程中导致的缺陷总是难免的，所以进行含几何结构缺陷的非线性屈曲分析是有必要的。

4.1 引　　言

从大量轮胎起重机事故案例中显示，伸缩臂的失效不是强度不够，而大部分是由失稳造成的，所以伸缩臂的稳定性尤为重要。随着客户对全地面起重机的起重量和起升高度的要求提高，伸缩臂的全伸长度越来越长，保证伸缩臂的稳定性成了发展超大型全地面起重机必须解决的问题之一。在实际工程中采用的伸缩臂存在着初始缺陷，如在加工、制造、运输等过程中均有可能导致其形状产生微小变化，这种几何缺陷对伸缩臂的承载能力有重要影响。与理想的伸缩臂相比，含初始缺陷的伸缩臂承载能力将有所下降。由于初始几何缺陷的存在，实际工程中的伸缩臂屈曲问题多为非线性屈曲。近年来，国内外行业专家对伸缩臂、细长杆等的稳定性给予了足够的重视，并取得了丰硕成果。基于 ANSYS Workbench 平台，以五节以上伸缩臂为研究对象，研究不同初始几何结构缺陷对其非线性屈曲承载能力的影响规律。

4.2 非线性屈曲分析

非线性屈曲分析的理论基础是用一种逐渐增大载荷的非线性静力学分析来求

得结构开始变得不稳定时的临界载荷,模型中包括大变形响应等特征[47]。在实际工程中采用的结构构件缺陷总是难免的,所以往往外载还没达到线性屈曲临界载荷就失稳了,线性屈曲分析求得的临界载荷是屈曲临界载荷的上限值。所以,使用非线性屈曲求得的临界载荷更具有实际应用意义。采用两种不同的分析方法的屈曲分析结果示意图如图 4.1 所示。但在 ANSYS Workbench 中线性屈曲分析也有自身优势,其计算比非线性屈曲分析快,节省大量时间,且往往把线性屈曲分析求得的临界载荷作为非线性屈曲分析加载的参考依据。

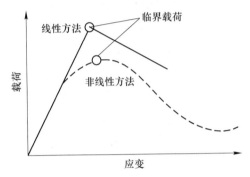

图 4.1 两种不同的屈曲分析方法结果

4.3 含几何结构缺陷的非线性屈曲分析

进行含几何结构缺陷的非线性屈曲分析整个流程如图 4.2 所示。第一步:创建 Static Structural(A)项目;第二步:创建 Linear Buckling(B)项目,进行线性屈曲分析;第三步:插入 APDL 模块利用内嵌命令流引入结构缺陷;第四步:提取带有几何缺陷的有限元模型;第五步:进行非线性静力学分析,即可算出带有结构缺陷的非线性屈曲临界吊重[48]。

4.3.1 创建 Static Structural(A)项目

正如图 4.2 所示,整个含结构缺陷的伸缩臂非线性屈曲分析流程第一步首先建立 Static Structural(A)项目。双击 ANSYS Workbench 主界面 Toolbox 中的 Analysis>Static Structural 选项,即可在项目管理区创建分析项目 A。

4.3.1.1 定义材料数据

双击项目 A 中的 A2 栏 Engineering Data 项,进入材料参数设置界面,在该界面下即可进行材料参数设置。

本章以某起重机厂 300t 全地面起重机的单缸插销式伸缩臂为例,其臂节数为 6(基本臂+5 节伸缩臂),全伸长度为 61m,其全伸工作幅度为 14~58m,最

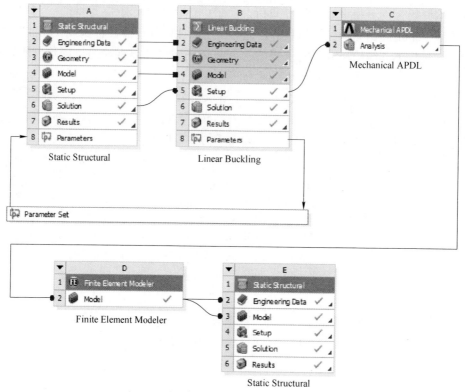

图 4.2　含初始缺陷的非线性屈曲分析流程

大起重量为 27.2t，最大幅度的额定起重量为 4.4t，伸缩臂的臂筒材料采用威达钢（Weldox）1100，其力学性能见表 4.1。

表 4.1　Weldox1100 钢的力学性能

抗拉强度 σ_b/MPa	1250
屈服强度 σ_s/MPa	1100
伸长率 δ/%	8~10
冲击功 A_{KV}/J	35（0℃）
	30（-20℃）
	27（-40℃）

本章分析工况，见表 4.2。

表 4.2　分析工况

臂长	变幅角度	幅长	额定吊重
61m	76°	14m	27.2t

4.3.1.2 建立几何模型

在 A3 栏的 Geometry 上单击鼠标右键，在弹出的快捷菜单中选择 New Geometry 并单击便进入 ANSYS Workbench 自带的建模板块 DesignModeler。

本章采用概念建模方式，大致分以下 4 步完成：

（1）在 y-z 平面内采用 6 次草绘的方法绘制 6 条相连的直线，6 条直线的长度与 6 节臂长一致。

（2）单击 Concept 下拉菜单的 Lines From Sketches，并选取相应直线，将 Operation 设置为 Add Frozen（如果设置为 Add Material，6 条直线将自动汇合成一条直线，无法分别赋予截面），最后单击 Generate，至此线体便生成。

（3）为 6 条线体赋予截面。在 Concept 下拉菜单的 Cross Section 里选取 User Defined，绘制 6 节臂的截面，然后分别单击 6 条线体，为其附上各自的截面。伸缩臂的截面形状很多，常见的有矩形、梯形、倒置梯形、五边形、八边形、大圆角矩形及椭圆形等。本章实例伸缩臂截面为 U 形，如图 4.3 所示。

（4）单缸插销伸缩臂与臂之间是用臂销牢牢固定的，故将所有 Line Body 全部选中右键点击 Form New Part 合并成一个多体线体。本章只关注带缺陷伸缩臂的非线性屈曲临界载荷，对于伸缩臂之间的滑块不予考虑，至此伸缩臂模型建立已完成，如图 4.4 所示。

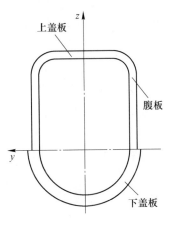

图 4.3 U 形截面

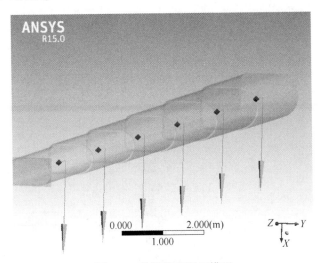

图 4.4 伸缩臂有限元模型

4.3.1.3　划分网格

双击主界面项目管理区项目 A4 栏 Model 项，进入 Mechanical 界面。单击 Mesh 右键，选择 Insert>Sizing，将细节窗口 Geometry 单击 Apply 按钮选中整个线体，把 Element Size 单元尺寸设置为 10mm，再次单击 Mesh 右键点击 Generate Mesh，便可将网格划分好。本章实例网格划分后，单元数为 6110、节点数为 12221。如果网格太粗糙，可以进一步细化，将单元尺寸改小或单击 Mesh 将细节窗口中的 Relevance 值变大，将 Relevance Center 设置为 Fine。如果采用的实体建模，可以通过 DesignModeler 中的 clean up 工具简化几何体、采用虚拟拓扑简化几何体、收缩控制消除无关紧要的小特征等方式进一步提高网格划分质量。网格越细某种程度上计算结果精度越高，但大量文献表明当网格细化到一定程度后再细化对计算结果精度提升并不大，反而会增大计算量。所以网格质量适中就行，不比过分细化。

4.3.1.4　添加约束及载荷

为了模拟符合实际情况，将基本臂与转台的铰接点和变幅油缸与基本臂的铰接点处，分别添加 Simply Supported、Fixed Rotation，将其沿 x、y、z 三个方向的平移自由度和绕 y、z 转动自由度约束，释放绕 x 轴转动自动度。

伸缩臂所受载荷众多，其中包括自重载荷、起升载荷、起升绳拉力、物品偏摆产生的水平力，以及风载荷等参看第三章相关内容。

将上述伸缩臂所受载荷分别给予初始值并加在臂端相应方向上，如图 4.5 所示，并将各载荷细节栏中 Magnitude 前方框选中实现载荷参数输入，以便后面进行载荷参数驱动算出线性屈曲中的载荷因子。单击 Solution（A6）右键，再点击 Solve，初次运算下。

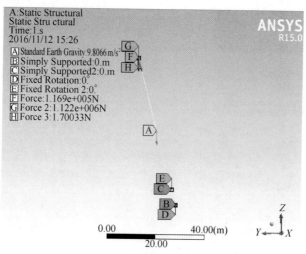

图 4.5　添加约束和载荷

4.3.2 创建 Linear Buckling(B)项目

如图 4.2 所示，整个含结构缺陷的伸缩臂非线性屈曲分析流程第二步是建立 Linear Buckling(B)项目。选中 A(6) Solution 右键单击 Transfer Date To New 再单击 Linear Buckling 创建项目 B，此时相关项的数据可共享。

单击 Linear Buckling(B5)>Analysis Settings，将细节栏里面的 Max Modes to Find 设置为 1。再点击 Linear Buckling(B5)>Solution(B6)右键，单击下拉菜单里面的 Solve，此时点击 Deformation>Total，在 Solution(B6)下将出现 Total Deformation，选中右键再点击 Evaluate All Results，此时已运算出初始载荷下的载荷因子 λ 及总变形，但还未算出最终的载荷因子 λ。将 Total De-formation 细节栏中的 Results 下 Load Multiplier 前的方框选中，实现载荷因子 λ 的参数输出，至此通过不断变化吊重输出载荷因子 λ 的参数驱动建立完成，如图 4.6 所示。

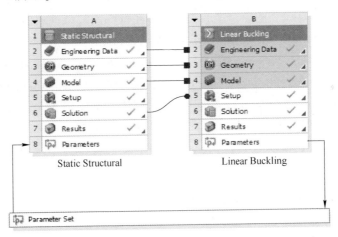

图 4.6 参数驱动线路

通过不断调整起升载荷、起升绳拉力、物品偏摆产生的水平力里的吊重，直至载荷因子 λ =1 或接近于 1，方停止运算。通过不断迭代，本章最终算出的载荷因子 λ（特征值）为 1.0008，对应的线性屈曲临界吊重为 58.26t，伸缩臂的临界载荷为 1358.14kN。

4.3.3 利用 APDL 模块构造几何结构缺陷

如图 4.2 所示，整个含结构缺陷的伸缩臂非线性屈曲分析流程第三步是利用 APDL 模块构造几何结构缺陷。选中 B（5）Setup 右键单击 Transfer Date To New 再单击 Mechanical APDL 创建项目 C。单击项目 C 下的 Analysis 导入文件 upgeom. txt, 通过文件的命令流, 便可以构造基于线性屈曲分析一阶模态的横向位移最大值乘上缺陷因子作为几何结构缺陷。

4.3.4　提取带有几何结构缺陷的有限元模型

如图 4.2 所示, 整个含结构缺陷的伸缩臂非线性屈曲分析流程第四步是提取带有几何结构缺陷的有限元模型。选中 C(2) Analysis 右键单击 Transfer Date To New 再单击 Finite Element Modeler 创建项目 D, 利用 Update 进行更新, 提取含缺陷的有限元模型。

4.3.5　非线性静力学分析

如图 4.2 所示, 整个含结构缺陷的伸缩臂非线性屈曲分析流程第五步是进行非线性静力学分析。选中 D(2) Model 右键单击 Transfer Date To New 再单击 Static Structural 创建项目 E, 按住 "Finite element modeler" 模块下的 model 子模块, 拖放到 "static structural" 的 model 子模块上。在臂端添加线性屈曲时的临界载荷, 约束不变与之前一样。点击 Analysis Settings 将其细节栏中的 Step End Time 设置为 3000s, Auto Time Stepping 设置为 On, Initial Substeps 设置为 200, Minimum Substeps 设置为 100, Maximum Substeps 设置为 3000, Large Deflection 设置为 On, 将 Stabilization 设置为 Constant。当缺陷因子为 0.001 时, 求解后, 经过 66 次子步迭代, 结果收敛, 从 Graph 中可以看出在 2840s 时发生了突变, 如图 4.7 所示。意味着此时发生了屈曲失稳, 相应的临界吊重为 55.15t, 伸缩臂的临界载荷为 1285.71kN。

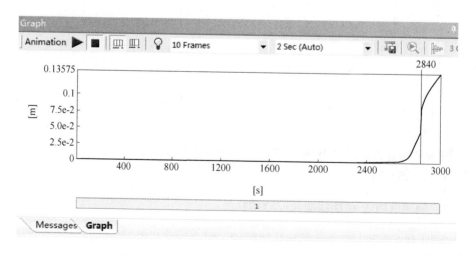

图 4.7　缺陷因子为 0.001 时非线性变形示意图

4.4 线性屈曲分析与含几何结构缺陷的非线性屈曲分析

为便于观察线性屈曲分析结果与含几何结构缺陷的非线性屈曲分析结果，现将不同缺陷因子对应的临界吊重与伸缩臂临界载荷及与线性屈曲相比的下降程度，列于表4.3中。

表4.3 不同缺陷下的非线性屈曲临界吊重、临界载荷及与线性屈曲比较

序号	缺陷因子	临界吊重/t	临界载荷/kN	下降程度/%
1	0.001	55.15	1285.71	5.3
2	0.01	48.30	1125.90	17.1
3	0.02	41.36	964.28	29.0
4	0.03	37.23	867.85	36.1
5	0.04	34.02	793.15	41.6
6	0.05	31.64	737.47	45.7

通过线性屈曲分析和非线性屈曲分析结果，可以看出采用含几何结构缺陷的非线性屈曲分析出来的无论是临界吊重还是伸缩臂临界载荷均小于线性屈曲分析出来的结果。当缺陷因子为0.001时，非线性屈曲算出的临界载荷较线性屈曲算出的临界载荷下降了大约5.3%，且随着缺陷因子的增大承载能力将进一步下降。伸缩臂在加工、制造、运输过程中导致的缺陷总是难免的，所以进行含几何结构缺陷的非线性屈曲分析是有必要的。

5 截面尺寸对伸缩臂屈曲敏感影响分析

屈曲临界载荷由很多因素决定，包括支撑方式、截面惯性矩、长度以及材料。当支撑方式、材料、长度一定时，对屈曲临界载荷影响最大的就是截面惯性矩。因而分析截面尺寸对惯性矩的影响具有重大意义，可以通过分析截面尺寸对截面惯性矩的影响，进而分析出截面尺寸对伸缩臂屈曲的影响。本章选取以 U 形截面为例采用理论和有限单元法相结合对尺寸对伸缩臂屈曲影响进行分析，其他形式截面可采用同种方法进行。

5.1 截面尺寸对屈曲影响的理论分析

5.1.1 折弯半径对 U 形截面惯性矩影响

要分析折弯半径对截面惯性矩的影响可先将整个截面惯性矩的公式表示出来，再去变化折弯半径，这样较容易发现对截面惯性矩的影响。如图5.1 所示，可将 U 形截面人为划分为4 部分，其中①表示上盖板矩形截面、②表示圆弧过度截面、③表示腹板矩形截面、④表示下盖板半圆环截面。

整个 U 形截面对 z 轴、y 轴的惯性矩均可表示为 4 部分截面分别对 z 轴、y 轴的惯性矩之和，即：

$$I_z = I_{1z} + I_{2z} + I_{3z} + I_{4z} \quad (5.1)$$

$$I_y = I_{1y} + I_{2y} + I_{3y} + I_{4y} \quad (5.2)$$

根据矩形截面惯性矩定理，上盖板矩形截面①对 z 轴的惯性矩 I_{1z} 可表示为：

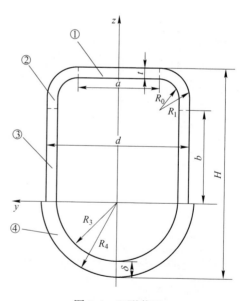

图 5.1 U 形截面

$$I_{1z} = \frac{ta^3}{12} \quad (5.3)$$

式中 t——上盖板厚度；

a——上盖板矩形截面长度。

圆弧过度截面②对 z 轴的惯性矩 I_{2z} 可先算其中 1/4 圆弧截面对 z 轴的惯性矩 I_{2z0}，然后 2 倍求得。1/4 圆弧截面对 z 轴的惯性矩可由图 5.2 的惯性矩关系式求得。

图 5.2　圆弧惯性矩关系

根据惯性矩平行轴定理可得：

$$I_{2z1} = \frac{\pi R_0^4}{16} + \frac{\pi a^2 R_0^2}{16} + \frac{a R_0^3}{6} \tag{5.4}$$

$$I_{2z2} = \frac{\pi R_1^4}{16} + \frac{\pi a^2 R_1^2}{16} + \frac{a R_1^3}{6} \tag{5.5}$$

所以 1/4 圆弧过度截面对 z 轴的惯性矩 I_{2z0} 为：

$$I_{2z0} = I_{2z2} - I_{2z1} = \frac{\pi (R_1^4 - R_0^4)}{16} + \frac{\pi a^2 (R_1^2 - R_0^2)}{16} + \frac{a (R_1^3 - R_0^3)}{6} \tag{5.6}$$

所以圆弧过度截面②对 z 轴的惯性矩为：

$$I_{2z} = \frac{\pi (R_1^4 - R_0^4)}{8} + \frac{\pi a^2 (R_1^2 - R_0^2)}{8} + \frac{a (R_1^3 - R_0^3)}{3} \tag{5.7}$$

腹板矩形截面③对 z 轴的惯性矩 I_{3z}，由惯性矩平行轴定理可得：

$$I_{3z} = 2 \left[\frac{bt^3}{12} + bt \left(\frac{t}{2} + \frac{a}{2} + R_0 \right)^2 \right] = \frac{bt^3}{6} + \frac{bt}{2} (t + a + 2R_0)^2 \tag{5.8}$$

式中 b——腹板矩形截面的高度。

下盖板半圆环截面④对 z 轴的惯性矩可看成两个 1/4 圆弧过度截面对 z 轴惯性矩之和，所以：

$$I_{4z} = 2 \left(\frac{\pi R_4^4}{16} - \frac{\pi R_3^4}{16} \right) = \frac{\pi (R_4^4 - R_3^4)}{8} \tag{5.10}$$

由图 5.1 几何关系有：$R_4 = \dfrac{d - 2t + 2\delta}{2}$　$R_3 = \dfrac{d - 2t}{2}$

$$I_{4z} = \frac{\pi [(d - 2t + 2\delta)^4 - (d - 2t)^4]}{128} \tag{5.11}$$

式中，d 表示截面宽度；δ 表示下盖板厚度，其余意义同前。

由式 (5.1)、式 (5.3)、式 (5.7) ~ 式 (5.9) 可得截面对 z 轴的惯性矩为：

$$I_z = \frac{ta^3}{12} + \frac{\pi(R_1^4 - R_0^4)}{8} + \frac{\pi a^2(R_1^2 - R_0^2)}{8} + \frac{a(R_1^3 - R_0^3)}{3} + \frac{bt^3}{6} +$$
$$\frac{bt}{2}(t + a + 2R_0)^2 + \frac{\pi[(d - 2t + 2\delta)^4 - (d - 2t)^4]}{128} \quad (5.12)$$

根据惯性矩平行轴定理，上盖板矩形截面①对 y 轴的惯性矩 I_{1y} 可表示为：

$$I_{1y} = \frac{at^3}{12} + at\left(b + R_0 + \frac{t}{2}\right)^2 \quad (5.13)$$

参照求圆弧过度截面②对 z 轴惯性矩的方法，可求得对 y 轴的惯性矩为：

$$I_{2y} = \frac{\pi(R_1^4 - R_0^4)}{8} + \frac{\pi b^2(R_1^2 - R_0^2)}{2} + \frac{2b(R_1^3 - R_0^3)}{3} \quad (5.14)$$

腹板矩形截面③对 y 轴的惯性矩 I_{3y}，由惯性距平行轴定理可得：

$$I_{3y} = 2\left[\frac{tb^3}{12} + bt\left(\frac{b}{2}\right)^2\right] = \frac{2tb^3}{3} \quad (5.15)$$

下盖板半圆环截面④对 y 轴的惯性矩可看成两个 1/4 圆弧过度截面对 y 轴惯性矩之和，即：

$$I_{4y} = 2\left(\frac{\pi R_4^4}{16} - \frac{\pi R_3^4}{16}\right) = \frac{\pi(R_4^4 - R_3^4)}{8} \quad (5.16)$$

由图 5.1 几何关系有：

$$R_4 = \frac{d - 2t + 2\delta}{2}, \quad R_3 = \frac{d - 2t}{2}$$

$$I_{4y} = \frac{\pi[(d - 2t + 2\delta)^4 - (d - 2t)^4]}{128} \quad (5.17)$$

由式 (5.2)、式 (5.14) ~ 式 (5.17) 可得，截面对 y 轴的惯性矩为：

$$I_y = \frac{at^3}{12} + at\left(b + R_0 + \frac{t}{2}\right)^2 + \frac{\pi(R_1^4 - R_0^4)}{8} + \frac{\pi b^2(R_1^2 - R_0^2)}{2} +$$
$$\frac{2b(R_1^3 - R_0^3)}{3} + \frac{2tb^3}{3} + \frac{\pi[(d - 2t + 2\delta)^4 - (d - 2t)^4]}{128} \quad (5.18)$$

要分析折弯半径对截面惯性矩的影响，可设折弯半径增加 ΔR 则此时折弯半径可表示为：

$$R_0' = R_0 + \Delta R \quad (5.19)$$

其余相应变量表示如下：

$$R_1' = R_0' + t = R_0 + t + \Delta R \tag{5.20}$$

$$b' = H - R_0 - \delta - \frac{d}{2} - \Delta R \tag{5.21}$$

$$a' = d - 2(R_0 + t + \Delta R) \tag{5.22}$$

其中：

$$\begin{cases} -R_0 < \Delta R < \dfrac{d}{2} - t - R_0 \\ \Delta R < H - R_0 - \delta - \dfrac{d}{2} \end{cases}$$

式中，R_1'、b'、a' 为随折弯半径变化的量，意义同前，为保证 U 形截面形状不变，故需对增量 ΔR 加以限定。

将 R_0'、R_1'、b'、a' 代入式（5.13）、式（5.18）便可以得到用 U 形截面基本参数 H（截面高度）、R_0（折弯半径）、d（截面宽度）、t（上盖板厚度）、δ（下盖板厚度）以及折弯半径增量 ΔR 表示的对 z 轴和 y 轴的惯性矩公式 I_z'、I_y'。只需输入 U 形截面的基本尺寸参数，通过 ΔR 变换折弯半径，便可以分析出折弯半径对截面惯性矩的影响。本章选取的 U 形截面参数以及 ΔR 见表 5.1。

表 5.1　U 形截面参数以及折弯半径增量 ΔR

H/mm	R_0/mm	d/mm	t/mm	δ/mm	$\Delta R/\text{mm}$
1430	150	1050	14	15	$-130\sim330$
1350	150	970	13	14	$-130\sim300$
1270	150	890	12	13	$-130\sim240$
1190	150	810	11	12	$-130\sim200$

将表 5.1 中数据代入 I_z'、I_y' 中，便可以得到图 5.3，其中 I_{z1}、I_{y1}、I_{z2}、I_{y2}、I_{z3}、I_{y3}、I_{z4}、I_{y4} 是分别对应表中四组数据的对 z 轴、y 轴的惯性矩。

通过图 5.3，不难看出无论对 z 轴还是 y 轴的惯性矩，都随着折弯半径增量 ΔR 的增大而减小，即折弯半径增大将导致 U 形截面惯性矩减小。

5.1.2　上盖板厚度对 U 形截面惯性矩影响

要分析上盖板厚度对截面惯性矩的影响，可设厚度增量为 Δt 则此时上盖板厚度可表示为：

$$t' = t + \Delta t \tag{5.23}$$

其余相应变量表示如下：

$$\begin{cases} R_1' = R_0 + t' = R_0 + t + \Delta t \\ d' = d + 2\Delta t \\ a = d - 2(R_0 + t) \\ b = H - R_0 - \delta - \dfrac{d}{2} \\ \Delta t > -t \end{cases}$$

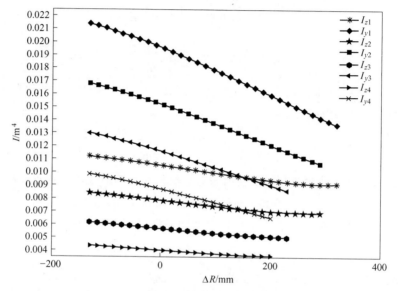

图 5.3　截面惯性矩随折弯半径增量 ΔR 变化

将 t'、R_1'、d'、a、b 代入式（5.13）、式（5.18）便可以得到用 U 形截面基本参数 H（截面高度）、R_0（折弯半径）、d（截面宽度）、t（上盖板厚度）、δ（下盖板厚度）以及上盖板厚度增量 Δt 表示的对 z 轴和 y 轴的惯性矩公式 I_z'、I_y'。只需输入 U 形截面的基本尺寸参数，通过 Δt 变换上盖板厚度，便可以分析出上盖板厚度对截面惯性矩的影响，本章选取的 U 形截面参数以及 Δt 见表 5.2。

表 5.2　U 形截面参数以及上盖板厚度增量 Δt

H/mm	R_0/mm	d/mm	t/mm	δ/mm	Δt/mm
1430	150	1050	14	15	$-8 \sim 40$
1350	150	970	13	14	$-6 \sim 40$
1270	150	890	12	13	$-6 \sim 40$
1190	150	810	11	12	$-4 \sim 40$

将表 5.2 中数据代入 I_z'、I_y' 中，便可以得到图 5.4，其中 I_{z1}、I_{y1}、I_{z2}、I_{y2}、

I_{z3}、I_{y3}、I_{z4}、I_{y4} 是分别对应表中四组数据的对 z 轴、y 轴的惯性矩。

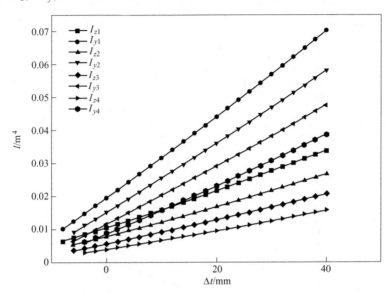

图 5.4　截面惯性矩随上盖板厚度增量 Δt 变化

通过图 5.4，不难看出无论对 z 轴还是 y 轴的惯性矩，都随着上盖板厚度增量 Δt 的增大而增大，即上盖板厚度增大将导致 U 形截面惯性矩增大。

5.1.3　下盖板厚度对 U 形截面惯性矩影响

要分析下盖板厚度对截面惯性矩的影响，可设厚度增量为 $\Delta\delta$，则此时下盖板厚度可表示为：

$$\delta' = \delta + \Delta\delta \tag{5.24}$$

其余相应变量表示如下：

$$\begin{cases} R_1 = R_0 + t \\ a = d - 2(R_0 + t) \\ b = H - R_0 - \delta - \dfrac{d}{2} \\ \Delta\delta > -\delta \end{cases}$$

将 δ'、R_1、a、b 代入式（5.13）、式（5.18）便可以得到用 U 形截面基本参数 H（截面高度）、R_0（折弯半径）、d（截面宽度）、t（上盖板厚度）、δ（下盖板厚度）以及下盖板厚度增量 $\Delta\delta$ 表示的对 z 轴和 y 轴的惯性矩公式 I'_z、I'_y。只需输入 U 形截面的基本尺寸参数，通过 $\Delta\delta$ 变换下盖板厚度，便可以分析出下盖板厚度对截面惯性矩的影响。本章选取的 U 形截面参数以及 $\Delta\delta$ 见表 5.3。

表5.3   U形截面参数以及下盖板厚度增量 $\Delta\delta$

H/mm	R_0/mm	d/mm	t/mm	δ/mm	$\Delta\delta/\text{mm}$
1430	150	1050	14	15	$-8\sim40$
1350	150	970	13	14	$-8\sim40$
1270	150	890	12	13	$-6\sim40$
1190	150	810	11	12	$-6\sim40$

将表5.3中数据代入 I_z'、I_y' 中，便可以得到图5.5，其中 I_{z1}、I_{y1}、I_{z2}、I_{y2}、I_{z3}、I_{y3}、I_{z4}、I_{y4} 是分别对应表中四组数据的对 z 轴、y 轴的惯性矩。

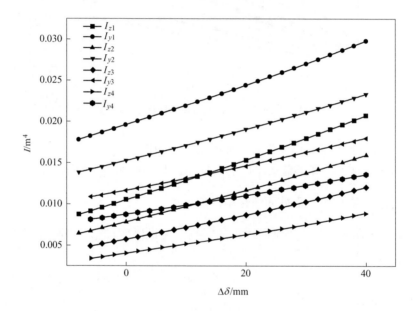

图5.5   截面惯性矩随下盖板厚度增量 $\Delta\delta$ 变化

由图5.5，不难看出无论对 z 轴还是 y 轴的惯性矩，都随着下盖板厚度增量 $\Delta\delta$ 的增大而增大，即下盖板厚度增大将导致 U 形截面惯性矩增大。

5.1.4   截面宽度对 U 形截面惯性矩影响

要分析截面宽度对截面惯性矩的影响，可设截面宽度为 Δd，则此时截面宽度可表示为：

$$d' = d + \Delta d \tag{5.25}$$

其余相应变量表示如下：

$$\begin{cases} R_1 = R_0 + t \\ a' = d + \Delta d - 2(R_0 + t) \\ b = H - R_0 - \delta - \dfrac{d}{2} \\ \Delta d > -d \end{cases}$$

将 d'、R_1、a'、b 代入式（4.10）、式（4.15）便可以得到用 U 形截面基本参数 H（截面高度）、R_0（折弯半径）、d（截面宽度）、t（上盖板厚度）、δ（下盖板厚度）以及截面宽度增量 Δd 表示的对 z 轴和 y 轴的惯性矩公式 I_z'、I_y'。只需输入 U 形截面的基本尺寸参数，通过 Δd 变换截面宽度增量，便可以分析出截面宽度对截面惯性矩的影响。本章选取的 U 形截面参数以及 Δd 见表 5.4。

表 5.4　U 形截面参数以及截面宽度增量 Δd

H/mm	R_0/mm	d/mm	t/mm	δ/mm	$\Delta d/\mathrm{mm}$
1430	150	1050	14	15	$-200 \sim 200$
1350	150	970	13	14	$-200 \sim 200$
1270	150	890	12	13	$-200 \sim 200$
1190	150	810	11	12	$-200 \sim 200$

将表 5.4 中数据代入 I_z'、I_y' 中，便可以得到图 5.6，其中 I_{z1}、I_{y1}、I_{z2}、I_{y2}、I_{z3}、I_{y3}、I_{z4}、I_{y4} 是分别对应表中四组数据的对 z 轴、y 轴的惯性矩。

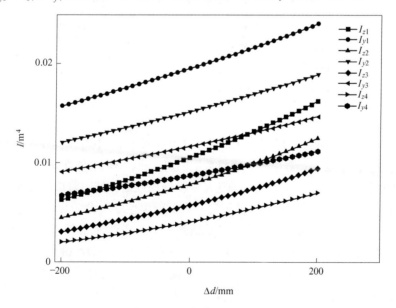

图 5.6　截面惯性矩随截面宽度增量 Δd 变化

由图5.6，不难看出无论对 z 轴还是 y 轴的惯性矩，都随着截面宽度增量 Δd 的增大而增大，即截面宽度增大将导致 U 形截面惯性矩增大。

5.1.5　截面高度对 U 形截面惯性矩影响

要分析截面高度对截面惯性矩的影响，可设截面高度增量为 ΔH，则此时截面高度可表示为：

$$H' = H + \Delta H \tag{5.26}$$

其余相应变量表示如下：

$$\begin{cases} R_1 = R_0 + t \\ a = d - 2(R_0 + t) \\ b' = H + \Delta H - R_0 - \delta - \dfrac{d}{2} \\ \Delta H > -b \end{cases}$$

将 H'、R_1、a、b' 代入式（5.13）、式（5.18）便可以得到用 U 形截面基本参数 H（截面高度）、R_0（折弯半径）、d（截面宽度）、t（上盖板厚度）、δ（下盖板厚度）以及截面高度增量 ΔH 表示的对 z 轴和 y 轴的惯性矩公式 I'_z、I'_y。只需输入 U 形截面的基本尺寸参数，通过 ΔH 变换截面高度增量，便可以分析出截面高度对截面惯性矩的影响。本章选取的 U 形截面参数以及 ΔH 见表5.5。

表 5.5　U 形截面参数以及截面高度增量 ΔH

H/mm	R_0/mm	d/mm	t/mm	δ/mm	ΔH/mm
1430	150	1050	14	15	$-300 \sim 300$
1350	150	970	13	14	$-300 \sim 300$
1270	150	890	12	13	$-300 \sim 300$
1190	150	810	11	12	$-300 \sim 300$

将表5.5中数据代入 I'_z、I'_y 中，便可以得到图5.7，其中 I_{z1}、I_{y1}、I_{z2}、I_{y2}、I_{z3}、I_{y3}、I_{z4}、I_{y4} 是分别对应表中四组数据的对 z 轴、y 轴的惯性矩。

由图5.7，不难看出无论对 z 轴还是 y 轴的惯性矩，都随着截面高度增量 ΔH 的增大而增大，即截面高度增大将导致 U 形截面惯性矩增大。

从图5.3~图5.7可以看出，U 形截面惯性矩随着折弯半径（R_0）增大而减小，随其余截面尺寸（H（截面高度）、d（截面宽度）、t（上盖板厚度）、δ（下盖板厚度））增大均增大。即意味着当 U 形截面的伸缩臂的材料、支撑方式、长度一定时，伸缩臂临界载荷随着折弯半径（R_0）增大而减小，随其余截面尺寸（H（截面高度）、d（截面宽度）、t（上盖板厚度）、δ（下盖板厚度））增大均增大。

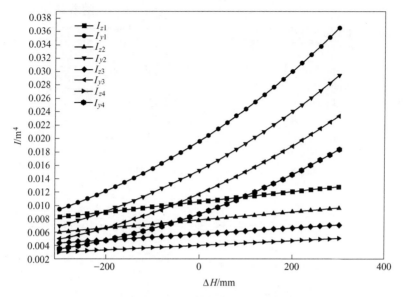

图 5.7 截面惯性矩随截面高度增量 ΔH 变化

5.2 采用有限单元法分析截面尺寸对屈曲的敏感性

本章以某起重机厂生产的 300t 全地面起重机伸缩臂为实例，其工况为全伸长度为 61m、变幅夹角为 76°、幅度为 14m、额定起重量为 27.2t。伸缩臂桶臂采用 Weldox1100，弹性模量为 206GPa，泊松比为 0.3，其屈服强度为 1100MPa、抗拉强度为 1250MPa。先对伸缩臂进行有限元分析计算，然后利用 Workbench 协同平台中的 Design Exploration 模块进行线性屈曲敏感分析。在进行屈曲敏感分析时，选择基本臂所有截面尺寸（截面高度（H_0）、截面宽度（d_0）、折弯半径（r_0）、上盖板厚度（w_{01}）、下盖板厚度（w_{02}））以及其余截面厚度（w_{11}、w_{12}、w_{21}、w_{22}、w_{31}、w_{32}、w_{41}、w_{42}、w_{51}、w_{52}）作为设计变量，将屈曲载荷因子（Load Multiplier）作为输出变量。在 ANSYS 中线性屈曲临界载荷的计算等于初始载荷乘上屈曲载荷因子，当初始载荷不变时，屈曲载荷因子就直接表征了杆件抵抗屈曲的能力。整个屈曲敏感分析流程如图 5.8 所示，先进行静力学结构分析（Static Structural A），在进行线性屈曲分析（Linear Bucking B），最后进行 Design Exploration 中的相应面分析（Response Surface C）。

5.2.1 有限元模型建立

Workbench 中的 Design Modeler 模块提供良好的建模功能，不像 ADPL（AN-

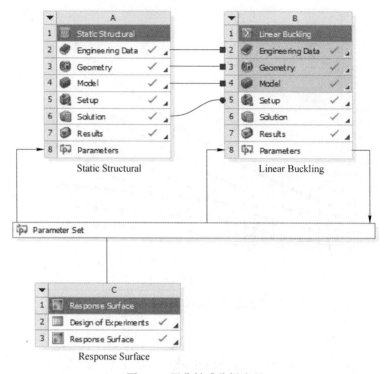

图 5.8 屈曲敏感分析流程

SYS 经典平台）建模比较繁琐，特别是对于初次接触 ANSYS 软件的人更容易上手。当然 Workbench 也提供 Solidworks、UG 等大型三维 CAD 软件接口，可以先将模型在大型三维 CAD 软件中建好，然后导入 Workbench。直接利用 Design Modeler，采用概念建模方式建立伸缩臂有限元模型，即：在草绘平面内先分别绘制 6 条与伸缩臂臂节等长的线段，然后利用 Lines From Sketches 形成线体，再为每条线体附上截面，最后将所有线体选中右键点击 Form New Part，至此伸缩臂有限元模型建立完成，如图 5.9 所示。（由于分析的是伸缩臂整体屈曲而非局部屈曲，故搭接滑块暂时不予考虑）。值得注意的是在生成线体时，需将 Operation 设置为 Add Frozen，否则 6 条线体自动汇合形成 1 条无法分别赋予截面。

5.2.2　添加约束和载荷

为了模拟符合实际情况，将基本臂与转台的铰接点和变幅油缸与基本臂的铰接点处，分别添加 Simply Supported、Fixed Rotation，将其沿 x、y、z 三个方向的平移自由度和绕 y、z 转动自由度约束，释放绕 x 轴转动自由度。伸缩臂受力众多，其中自重通过添加重力加速度 $g = 9.8\text{m/s}^2$ 考虑，钢丝绳拉力 $F_S = 55151\text{N}$，起升载荷 $P_Q = 5.2935 \times 10^5\text{N}$，臂头侧向水平力 $F_T + 0.4P_W = 38118\text{N}$（侧向水平

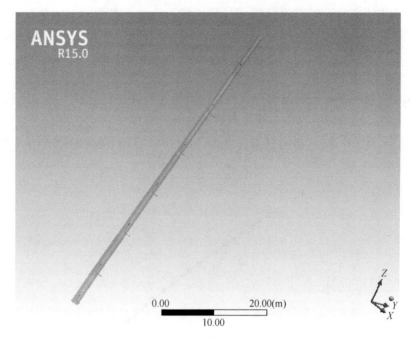

图 5.9 伸缩臂有限元模型

力包括物品偏摆产生的水平力 F_T 和风载荷 P_W，其中物品偏摆角 $\alpha = 6°$）。

5.2.3 划分网格

Workbench 系统提供默认适应当前模型的方法，当线体采用默认的网格划分后，它的单元为 BEAM188。为了细化网格可将 Details of "Mesh" 中的 Relevance 值设置得高点，本章设置为 100，Relevance Center Fine 设置为 Fine。本章网格划分好后，Elements 为 103、Nodes 为 207。

5.2.4 求解及输出参数设置

当前处理工作完成后，分别单击 Static Structural(A5)>Solution(A6) 和 Linear Bucking(B5)> Solution(B6)>Total Deformation。此时可以求得当前载荷因子 Load Multiplier 为 1.5367，将其设置为输出参数。

5.2.5 建立 Response Surface

双击 Design Modeler 模块中的 Response Surface 便可以建立响应曲面优化分析，它的优点是可以通过图表动态地显示出输入与输出参数之间的关系以及敏感性等。双击 Design of Experiments 进行实验设计点的生成和计算，单击每一个输入参数可以对其上下界限进行设定，系统默认将输入参数的初始值（1±10%）作为上限和下限，单击 Preview 进行随机的试验点生成。本章采用系统默认方式，最终生成了 288 个设计点。设计点生成后，单击 Update，便可以根据设计点的输入参数算出输出参数值。双击 Response Surface（C）中的 Response Surface 项，单击 Update 进行更新，此时便可以看到系统根据实验设计点进行了拟合后的图像。单击 Response 查看输入参数与输出参数的关系。

由图 5.10~图 5.24 可以看出，除屈曲载荷因子 Load Multiplier 随基本臂截面

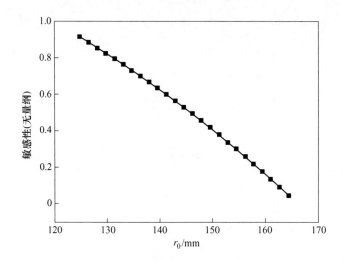

图 5.10　输入参数 R_0 与输出参数关系

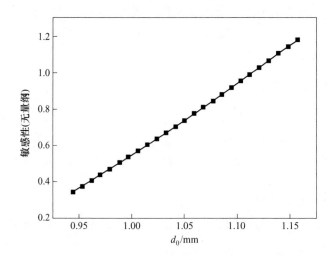

图 5.11　输入参数 d_0 与输出参数关系

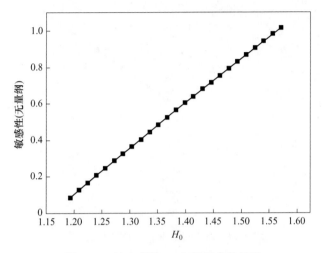

图 5.12 输入参数 H_0 与输出参数关系

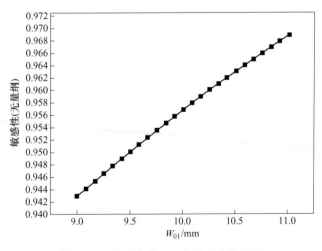

图 5.13 输入参数 W_{01} 与输出参数关系

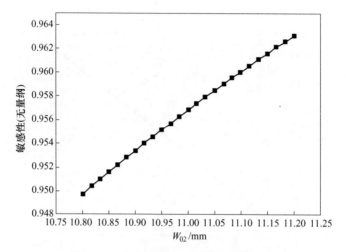

图 5.14 输入参数 W_{02} 与输出参数关系

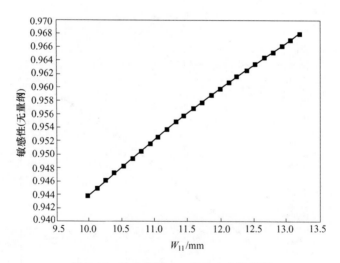

图 5.15 输入参数 W_{11} 与输出参数关系

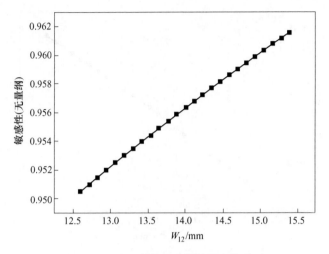

图 5.16 输入参数 W_{12} 与输出参数关系

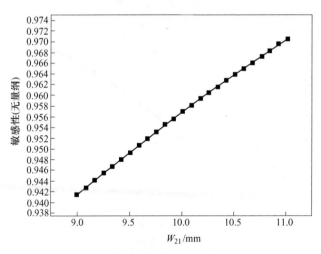

图 5.17 输入参数 W_{21} 与输出参数关系

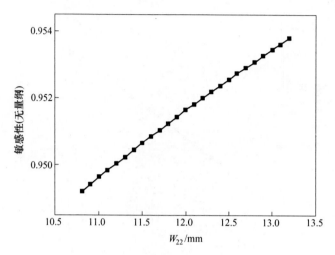

图 5.18　输入参数 W_{22} 与输出参数关系

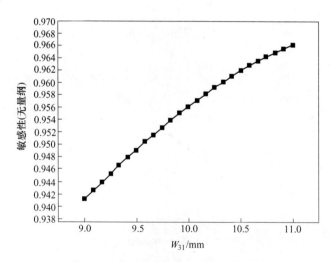

图 5.19　输入参数 W_{31} 与输出参数关系

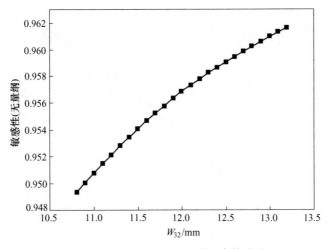

图 5.20 输入参数 W_{32} 与输出参数关系

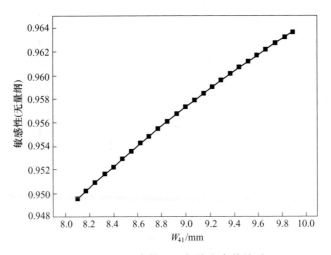

图 5.21 输入参数 W_{41} 与输出参数关系

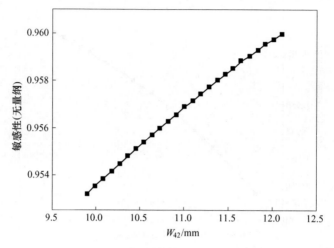

图 5.22　输入参数 W_{42} 与输出参数关系

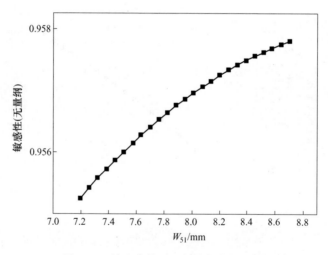

图 5.23　输入参数 W_{51} 与输出参数关系

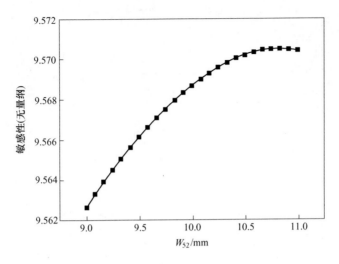

图 5.24 输入参数 W_{52} 与输出参数关系

折弯半径（r_0）增大而减小外，载荷因子随其他输入参数（H_0、d_0、W_{01}、W_{02}、W_{11}、W_{12}、W_{21}、W_{22}、W_{31}、W_{32}、W_{41}、W_{42}、W_{51}、W_{52}）增大均增大，这与之前理论分析完全一致。

单击 Local Sensitivity 和 Local Sensitivity Curves 可以看出各输入参数对输出参数的敏感程度，如图 5.25 和图 5.26 所示。

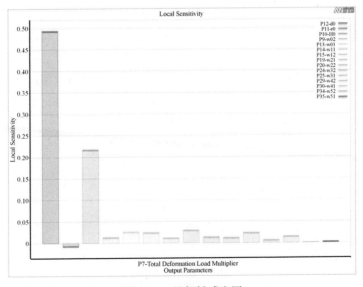

图 5.25 局部敏感度图

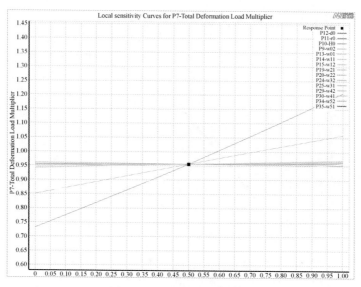

图 5.26   局部敏感度曲线图

从图 5.25 和图 5.26 可以看出，在众多的输入参数中对屈曲载荷因子最为敏感的是基本臂截面宽度（d_0），其次是基本臂截面高度（H_0），对载荷因子敏感性最小的是末节臂（臂头节）截面下盖板厚度（W_{52}）。

本章分别采用理论和有限单元法对 U 形截面尺寸对伸缩臂的屈曲临界力影响进行了分析，发现当伸缩臂的材料、支撑方式、长度一定时，伸缩臂屈曲临界力随着折弯半径（R_0）增大而减小，随其余截面尺寸 H（截面高度）、d（截面宽度）、t（上盖板厚度）、δ（下盖板厚度）增大均增大，对于其他截面可采用相同方法进行分析。

通过局部敏感度图和局部敏感度曲线图可以看出对伸缩臂屈曲临界力最为敏感的是基本臂截面宽度（d_0），其次是基本臂截面高度（H_0），敏感性最小的是末节臂（臂头节）截面下盖板厚度（W_{52}）。

6 全地面起重机组合臂架系统屈曲分析

工程实际中只有极少数的结构能通过解析法推算出其临界屈曲载荷，而且相应的力学模型是经过诸多简化后得到的，极度简化的模型虽然有助于平衡方程的建立，但是由此求得的结果与真实值之间存在诸多偏差，而且解析法一般不能直接得到所需的结果，需要借助数值方法进行逼近，求得近似解。部分学者再通过试验的方法收集数据并进行拟合，与推导出的解析解进行对比，分析误差产生的原因，通过引入修正系数的方法将解析解逼近试验值，以此作为工程实践的理论依据。但是对于复杂的系统，例如全地面起重机的组合臂架系统，运用解析法步履维艰，此时，可借助技术相对较成熟的有限元分析软件进行模拟分析，得到给定工况下系统的临界屈曲载荷。

随着全球范围内大型工程项目的建设，吊装重量越来越重，起升高度越来越高，作业半径越来越大，为满足这些要求，主臂和副臂的组合方式应运而生[49]，经过几十年的发展，产生出形式多样的组合臂架，可归为六类：主臂工况（T）、副臂工况（TF）、塔式副臂工况（TN）、超起主臂工况（TY）、超起副臂工况（TYF）以及塔臂超起工况（TYN），如图6.1所示。

(a)　　　　　　　　(b)　　　　　　　　(c)

(d)　　　　　　　　　　(e)　　　　　　　　　　(f)

图 6.1　全地面起重机的典型组合工况

（a）主臂工况（T）；（b）副臂工况（TF）；（c）塔式副臂工况（TN）；（d）超起主臂工况（TY）；
（e）超起副臂工况（TYF）；（f）塔臂超起工况（TYN）

6.1　固定副臂超起工况有限元模型

6.1.1　固定副臂超起组合臂架

全地面起重机固定副臂超起工况是全地面起重机典型的组合臂架中最常见的一种，本章选用某 500t 全地面起重机为研究对象，该机型最大额定起重量为 500t，采用 8 桥底盘转向和驱动技术，主臂采用瑞典超高强度钢板 Weldox960 焊接而成，具有七节 U 形截面（见图 6.2（d））伸缩臂，带有超起工况时七节臂全伸长度为 83.9m，全缩时为 31.7mm，不带超起工况时七节臂全伸 83.9m，全缩 16.1m。除了顶节臂之外的其余每一节臂的上盖板上面都配置了 4 个销孔，分别对应 0%、46%、92% 和 100% 的行程，对应行程代号分别为 0、1、2、3，如图 6.2（f）所示，伸缩臂伸出方式为 111112。固定副臂超起组合臂架系统的结构如图 6.2 所示，固定副臂超起组合臂架系统不安装偏心调整架时如图 6.2（a）所示，安装偏心调整架时如图 6.2（b）所示。

6.1.2　建立固定副臂超起组合臂架有限元模型

全地面起重机固定副臂超起组合臂架系统有限元模型有两种建立方法，一个是简化梁模型，一个是详细模型，简化梁模型是利用 ANSYS 提供的梁单元来模

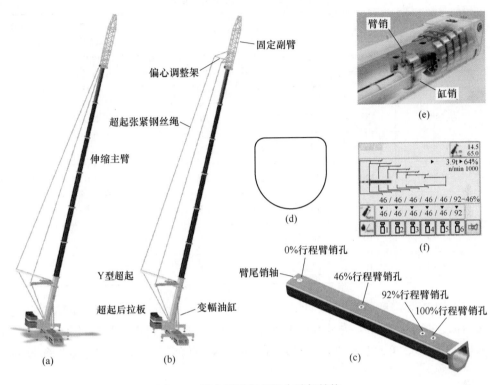

图 6.2　固定副臂超起组合臂架结构

拟臂架结构，而详细模型将伸缩臂的真是结构体现在模型中，例如臂销孔，伸缩臂臂头加强结构等，但由于考虑的细节较多，需要真实结构的详细细节图纸，数据收集存在较大困难，而且详细模型在网格划分后节点和单元数非常巨大，对求解所用计算机性能要求较高，求解费时。因此，本章选用简化梁模型，选取 BEAM188 单元、LINK180 单元、PLANE82 单元、SHELL181 单元。

6.1.2.1　主臂模型简化及单元选择

全地面起重机的伸缩臂采用箱型实腹式结构，截面形式多样，包括四边形截面、梯形截面、六边形截面、八边形截面、U 形截面、椭圆形截面等。目前已有一些公司，如利勃海尔等已经研发出鸭蛋形截面并投入使用。本章选用 U 形截面作为伸缩臂的截面形式，其具体形式及截面参数如图 6.3 所示。

主臂各截面参数如表 6.1 所示。

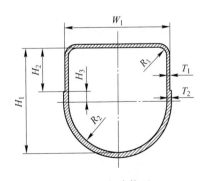

图 6.3　主臂截面

表 6.1 主臂 U 形截面基本参数

参 数	基本臂	二节臂	三节臂	四节臂	五节臂	六节臂	七节臂
W_1/mm	1600	1516	1436	1354	1282	1202	1132
H_1/mm	1652	1541	1434	1328	1228	1123	1038
H_2/mm	687	345	321	298	299	292	297
H_3/mm	163	435	394	352	286	228	173
R_1/mm	200	200	200	200	200	200	200
R_2/mm	790	750	710	670	635	595	560
T_1/mm	10	8	8	7	6	6	6
T_2/mm	12	11	9	8	8	8	8

选用 BEAM188 单元模拟伸缩主臂，BEAM188 单元可以根据用户的需求自定义截面，赋给梁单元。按照图 6.3 及表 6.1 提供的参数建立伸缩臂的七个截面，采用 PLANE82 单元对其进行网格划分，保存截面信息。主臂各节臂臂长参数如表 6.2 所示。

表 6.2 主臂各节臂臂长参数

项 目	基本臂	二节臂	三节臂	四节臂	五节臂	六节臂	七节臂
臂长 L/mm	14500	14406	14290	14175	14039	13894	13904
截面积/mm²	61701	51797	42389	34901	30798	28301	26181

我们采用简化梁模型模拟伸缩臂，简化梁模型的优点在于其建模速度快，计算效率高，简化梁模型需要准确地模拟主臂上的各个关键位置，如臂头点、臂尾点、0 行程点、46 行程点、92 行程点、100 行程点，还有控制截面点，建立好这些关键点后，连接成线并用 BEAM188 单元划分网格，臂销和臂销孔用节点自由度耦合来模拟，并读入截面信息，即可得到伸缩臂的有限元模型，伸缩臂 U 形截面有限元模型如图 6.4 （a）所示，基本臂有限元模型如图 6.4 （b）所示。

6.1.2.2 超起模型简化及单元选择

随着起重机伸缩臂架变得更长，起重量越来越大，使得起重臂在变幅平面和回转平面内产生较大挠度，进而在变幅平面和回转平面内产生附加弯矩，严重影

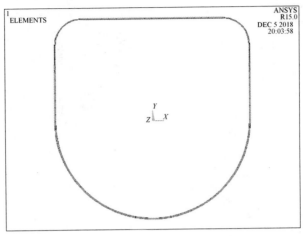

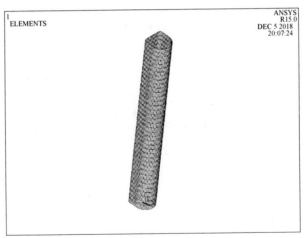

图 6.4　伸缩臂截面及基本臂有限元模型

响起重机伸缩臂架起重性能的发挥。研究和工程实践表明：安装超起装置有利于减小起重臂在变幅平面和回转平面内的挠度，改善伸缩臂的受力状况，使得起重臂的起吊性能得到充分发挥，超起装置结构如图 6.5 所示（图中未显示超起钢丝绳及超起后拉板，整体结构可参考图 6.2（a）所示）。为了模型简化，忽略超起变幅油缸和展开油缸的影响，只考虑超起撑杆对起重臂的增幅作用。在对超起撑杆进行有限元建模时，将其考虑成等截面的长方形箱型结构，由上下盖板和左右腹板构成。选用 BEAM188 单元模拟超起撑杆，由于其横截面为规则的矩形截面，故可直接从 ANSYS 的截面库中调用，如图 6.6 所示。

简化后的超起撑杆安装位置及尺寸参数如表 6.3 所示。

图 6.5 Y 型超起装置

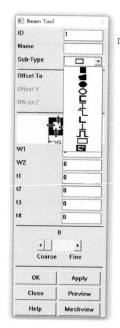

图 6.6 ANSYS 中的截面形式

表 6.3 超起装置参数

超起撑杆固定端与伸缩臂根铰点之间的距离/mm	12420
超起撑杆长度 L_s/mm	10950
超起撑杆与主臂夹角/(°)	90
两个超起撑杆之间的夹角/(°)	40
超起撑杆截面高度/mm	540
超起撑杆截面宽度/mm	560
超起撑侧板厚/mm	11.5
超起撑上下板厚/mm	10

6.1.2.3 偏心调整架简化及单元选择

全地面起重机的七节臂全伸,再加上桁架式副臂以满足提升高度的要求,超长臂架的端部对载荷的敏感程度增强,配合超起装置在桁架式副臂上安装偏心调整架,改变了超起钢丝绳在臂架端部的铰接点位置,有利于进一步改善组合臂架系统的受力,提高整机稳定性。本章主要针对偏心调整架的撑杆长度以及撑杆间的张开角度、偏心调整架的变幅角度进行分析,偏心调整架实际结构如图 6.7 (a) 所示。在 ANSYS 中建模时,选用 BEAM188 单元模拟撑杆,截面为圆环,可直接从 ANSYS 梁单元的截面库中调用,建立偏心调整架的有限元模型如图 6.7 (b) 所示。

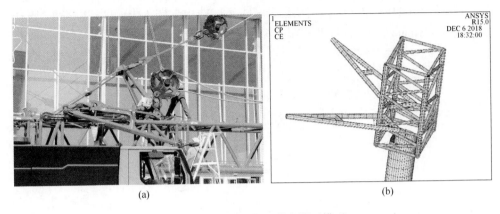

图 6.7 偏心调整架及其有限元模型

偏心调整架的结构尺寸参数见表 6.4。

表 6.4 偏心调整架参数

偏心调整架撑杆的张开角度/(°)	90
偏心调整架变幅平面内张角/(°)	110
偏心调整架撑杆的长度/mm	4000

6.1.2.4 固定副臂介绍及单元选择

固定副臂为桁架式结构，由圆形高强度钢管焊接而成。桁架臂分为对称点对点式桁架臂（如图 6.8（a）所示）和交叉式桁架臂（如图 6.8（b）所示），本章选用交叉式桁架臂。固定副臂通过连接架与顶节伸缩臂铰接。桁架式臂节有3m、6m、9m、12m 等不同长度的标准节、连接大小截面标准节的过渡节以及变截面桁架臂，通过不同组合构成工程实际中所需长度的固定副臂。

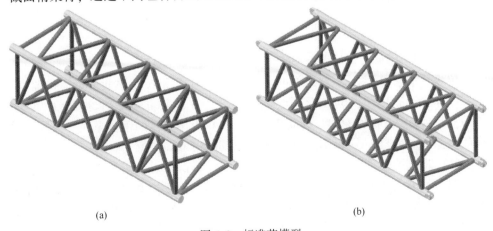

(a)   (b)

图 6.8 标准节模型

选用 BEAM188 单元模拟桁架副臂，本章中选用弦杆 φ219mm × 20mm， 腹杆 φ121mm × 10mm，6m 标准节有限元模型如图 6.9 所示。

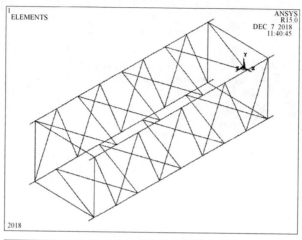

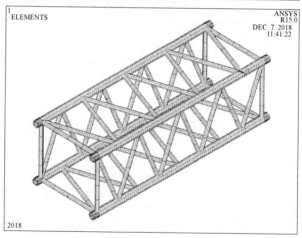

图 6.9　6m 标准节有限元模型

6.1.2.5　拉板及钢丝绳模型简化及单元选择

拉板及钢丝绳只能承受轴向拉力。LINK180 单元是拉压单元，可模拟缆索、桁架、弹簧等，其每个节点有沿节点坐标系三个坐标轴方向平动的三个自由度。选用直径为 24mm 的钢丝绳，为简化处理，将拉板用同样的钢丝绳代替，拉板的横截面积：125000mm^2，钢丝绳的横截面积：115640mm^2。

6.1.2.6　组合臂架系统的材料属性

超大吨位全地面起重机臂架系统所用材料具有极好的力学性能，强度高，能承受较大的载荷，本章中 500t 全地面起重机组合臂架系统所用材料的属性如表 6.5 所示。

表6.5　组合臂架系统的材料属性

结构	材料	弹性模量/MPa	泊松比	材料密度/kg·m⁻³
主臂	Weldox960	2.06×10^5	0.3	7850
超起撑杆	Q960	2.06×10^5	0.3	7850
固定副臂	FGS90WV	2.06×10^5	0.3	7850
钢丝绳	—	1.50×10^5	0.3	7850
拉板	Q960	2.06×10^5	0.3	7850

6.1.2.7　边界条件处理

全地面起重机是由许多个部件组装成的机械系统，有限元模型建立完成后，为反应全地面起重机组合臂架系统真实的约束状态，需要为简化模型相应的节点处添加约束，保证各部件之间能够有效地传递载荷。全地面起重机固定副臂组合臂架系统具体约束情况如表6.6所示。

表6.6　组合臂架系统的约束情况

结构1	结构2	约束
主臂根铰点	—	DX、DY、DZ、ROTX、ROTY、ROTZ
超起后拉板根铰点	—	DX、DY、DZ
主臂顶端	连接架	刚性区域处理
桁架式副臂	桁架式副臂	DX、DY、DZ、ROTX、ROTY、ROTZ
偏心调整架	连接架	DX、DY、DZ、ROTX、ROTY

6.1.2.8　建立固定副臂超起组合臂架系统有限元模型

本次建模时选用500t全地面起重机固定副臂超起组合臂架系统的具体参数如下：主臂臂长87.6m，主臂仰角83°，固定副臂14m，副臂与主臂夹角为0°。其中，连接架4m，中间节6m，顶节4m，主臂七节臂组合方式为222222，由左向右的位数依次表示第2、3、4、5、6、7节臂。偏心调整架及Y型超起的主要参数如图6.10所示，包括偏心调整架的撑杆长度L_0，偏心调整架撑杆的张开角度θ_1，偏心调整架的变幅角度θ_2；Y型超起的撑杆长度L_1，Y型超起的张开角度α_1，Y型超起的变幅角度α_2。令$\alpha_1 = 40°$，$\alpha_2 = 90°$，$L_1 = 10.95m$；$\theta_1 = 60°$，$\theta_2 = 100°$，$L_0 = 4m$。

根据前面所述方式及参数建立全地面起重机固定副臂超起组合臂架系统有限元模型，本章的主要任务是分析偏心调整架对全地面起重机组合臂架系统稳定性的影响，因此建立安装偏心调整架的固定副臂超起组合臂架系统的有限元模型如图6.11（a）所示，显示对应实体模型如图6.11（b）所示，作为对比，建

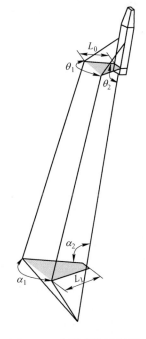

图6.10　主要参数示意图

立不安装偏心调整架的固定副臂超起组合臂架系统的有限元模型如图 6.11（c）所示，显示对应实体模型如图 6.11（d）所示。

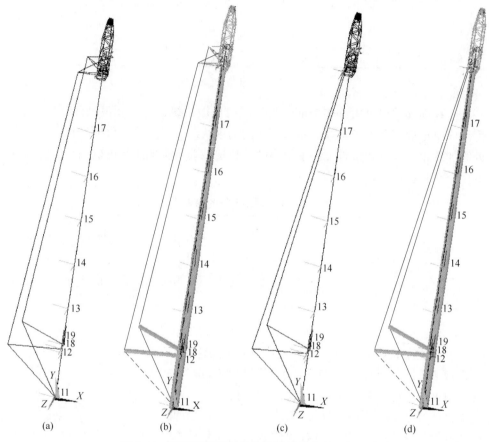

图 6.11　固定副臂超起组合臂架系统有限元模型

6.2　塔式副臂超起工况有限元模型

6.2.1　塔式副臂超起组合臂架

全地面起重机塔式副臂超起组合工况能够满足超大跨距和超高空起吊的需求[50]，但是在这种臂架组合工况下，全地面起重机的起吊能力一般都不大，所以这种工况下发生的失效一般都不是因为强度破坏导致，而是因为组合臂架系统整体或局部失稳引起。以 500t 的全地面起重机塔式副臂超起组合臂架为例，其结构如图 6.12 所示，主要由七节伸缩主臂、变幅油缸、Y 型超起、超起后拉板、钢丝绳、偏心调整架、偏心调整架前拉板、塔式副臂连接架、塔式副臂底节、塔式副臂中间节、塔式副臂顶节、塔式副臂前撑杆、塔式副臂后撑杆等。图6.12（a）为不安装偏心调整架的全地面起重机塔式副臂超起组合臂架结构模型，图6.12（b）为安装偏心调整架的全地面起重机塔式副臂超起组合臂架结构模型，图6.12（c）为七节伸缩主臂所采用的U形截面，图6.12（d）为塔式副臂底节结构模型，图6.12（e）为塔式副臂连接架结构模型。

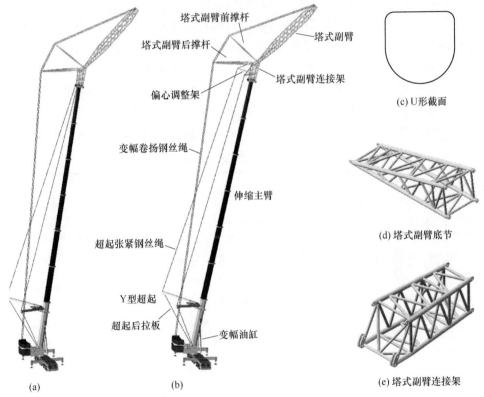

图6.12 塔式副臂超起工况臂架结构

6.2.2 建立塔式副臂超起组合臂架有限元模型

本章以某500t全地面起重机塔式副臂超起组合臂架系统为例进行分析，与前面固定副臂超起组合臂架系统采用相同的建模方法，即简化梁模型方法，用到的单元包括PLANE82单元、BEAM188单元、LINK180单元、SHELL181单元。

6.2.2.1 变幅副臂介绍及单元选择

塔式副臂与固定副臂并无本质区别，均为桁架式结构，由圆形高强度钢管焊接而成，且为了节约成本，提高配件的通用性，两者所用的标准节可交互使用。

固定副臂可以通过调整拉板实现 0°、15°、30° 等有限的几个离散型变幅角度，而塔式副臂的变幅角度相对较灵活，可通过变幅卷扬实现无极变幅。固定副臂最大为 56m，而塔式副臂的组合长度范围更大，最小 21m，最大可达 91m，可以大幅提高作业高度和作业的幅度，相比固定副臂，与塔式副臂配套的还有塔式副臂前、后撑杆、变幅钢丝绳。与固定副臂一样，塔式副臂在建模时仍选用 BEAM188 单元来模拟，本章中选用弦杆 $\phi152\text{mm} \times 10\text{mm}$，腹杆 $\phi80\text{mm} \times 6\text{mm}$。

6.2.2.2 前、后撑杆模型简化及单元选择

塔式副臂前、后撑杆是为了协助塔臂变幅而设计的起到支撑作用的构件[51]，并对整个塔式副臂超起组合臂架系统中各构件的受力有重要影响。塔式副臂前、后撑杆由主梁和横梁构成，如图 6.13（a）所示，主梁为变截面梁，横梁为等截面梁。本章的主要研究对象是偏心调整架，撑杆的截面参数只要取得足以满足强度、刚度、稳定性的要求，对分析结果的影响可以忽略，故在建模时将主梁视为等截面梁，截面参数取变截面上最大截面处的参数，具体参数如表 6.7 所示。

表 6.7 前后撑杆的截面参数

部件名称	弦杆	宽/mm	长/mm
前、后撑杆（小截面）	$420 \times 150 \times 6$	830	11600
前、后撑杆（大截面）	$420 \times 150 \times 6$	2100	11600

塔式变幅副臂的前、后撑杆用 BEAM188 单元来模拟，取塔式副臂前撑杆与副臂夹角为 80°，塔式副臂后撑杆与副臂夹角为 150°。前、后撑杆的有限元模型及其余连接架的安装方式参如图 6.13（b）所示。

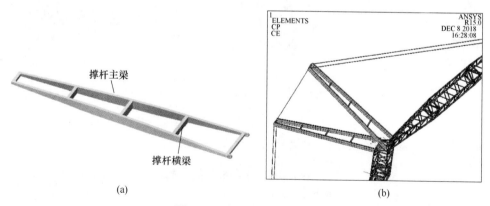

撑杆主梁

撑杆横梁

(a)

(b)

图 6.13 撑杆截面基本参数

6.2.2.3 组合臂架系统的材料属性

本章中所选用的塔式副臂超起工况仍为 500t 级全地面起重机的，同样是

500t 全地面起重机，塔式副臂超起工况与固定副臂超起工况所用材料相同，具体材料参数如表 6.8 所示。

表 6.8 组合臂架系统的材料属性

结 构	材 料	弹性模量/MPa	泊松比	材料密度/kg·m⁻³
主臂	Weldox960	$2.06×10^5$	0.3	7850
超起撑杆	Q960	$2.06×10^5$	0.3	7850
塔臂撑杆	Q960	$2.06×10^5$	0.3	7850
塔式副臂	FGS90WV	$2.06×10^5$	0.3	7850
钢丝绳	—	$1.20×10^5$	0.3	7850
拉板	Q960	$2.06×10^5$	0.3	7850

6.2.2.4 边界条件

塔式副臂超起组合臂架系统中各部件间的约束，见表 6.9。

表 6.9 组合臂架系统约束情况

结构 1	结构 2	约束
主臂根铰点	—	DX、DY、DZ、ROTX、ROTY、ROTZ
超起后拉板根铰点	—	DX、DY、DZ
变幅副臂钢丝绳	—	DX、DY、DZ
主臂顶端	连接架	刚性区域处理
连接架	固定副臂底节	DX、DY、DZ、ROTX、ROTY
塔式副臂前撑杆	连接架	DX、DY、DZ、ROTX、ROTY
塔式副臂后撑杆	连接架	DX、DY、DZ、ROTX、ROTY
偏心调整架	连接架	DX、DY、DZ、ROTX、ROTY

6.2.2.5 建立塔式副臂超起组合臂架有限元模型

本章选用 500t 全地面起重机塔式副臂超起组合臂架系统的具体参数如下：主臂臂长 87.6m，主臂仰角 83°，塔式副臂 21m，副臂仰角 48.4°，其中，连接架 4m，塔式副臂底节 7m，一个 6m 中间标准节，一个 4m 中间标准节，变截面顶节 4m，七节伸缩臂组合方式为 222222，由左向右的位数依次表示第 2、3、4、5、6、7 节臂。由于本章在分析时会对偏心调整架以及 Y 型超起的参数进行调整，做不同工况下的分析，故在此处展示有限元模型时，可从诸多工况中选取一种，并无其他特殊意义，此处取偏心调整架及 Y 型超起的主要参数为 $\alpha_1 = 40°$，$\alpha_2 =$

$90°$, $L_1 = 10.95\text{m}$; $\theta_1 = 60°$, $\theta_2 = 100°$, $L_0 = 4\text{m}$。

　　根据前面所述方式及参数建立全地面起重机塔式副臂超起组合臂架系统的有限元模型，图 6.14（a）所示安装偏心调整架的塔式副臂超起组合臂架系统的有限元模型，显示对应实体模型如图 6.14（b）所示，作为对比，建立不安装偏心调整架的塔式副臂超起组合臂架系统的有限元模型如图 6.14（c）所示，显示对应实体模型如图 6.14（d）所示。

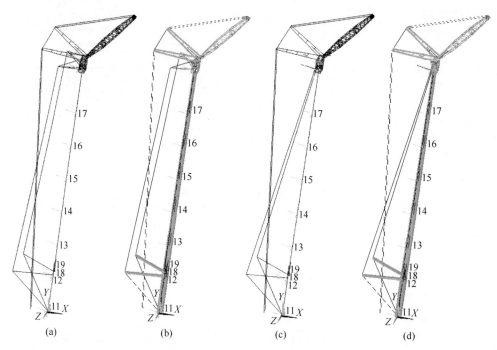

图 6.14　塔式副臂超起组合臂架系统有限元模型

6.3　载荷组合

　　全地面起重机工作时的受载情况较为复杂，为了确定分析时全地面起重机的承载情况，通过参考起重机设计规范可知，起重机通常承受三类载荷。（1）常规载荷，指经常发生的载荷，如自重载荷；（2）偶然载荷，指偶然发生的载荷，包括雪、冰、风、坡道等引起的载荷；（3）特殊载荷是指起重机在非正常工作或者不工作状态时受到的载荷，如起重机试验。对于全地面起重机组合臂架系统，主要考虑的载荷有：自重载荷、包含偏载造成的臂头侧向力及风载、起升载荷、起升绳力，其计算公式如表 6.10 所示。

表 6.10 全地面起重机组合臂架系统受载情况

自重载荷 P_G	起升载荷 P_Q	侧向载荷（$T_h + P_w$）	起升绳力 F_{sh}
$\phi_1 P_{G0}$	$\phi_2 P_{Q0}$	$\phi_2 P_{Q0} \tan\gamma + CK_h\beta PA$	$\dfrac{\phi_2 P_{Q0}}{m\eta\cos\gamma}$

其中，ϕ_1 为起升冲击系数，其取值为 $\phi_1 = 1 \pm \alpha(0 \leqslant \alpha \leqslant 0.1)$；$\phi_2$ 为起升动载系数，采用式 $\phi_2 = \phi_{2min} + \beta_2 v_q$ 来确定；ϕ_{2min} 为与起升状态级别对应的最小起升动载系数；K_h 为风力高度变化系数；A 为迎风面积；β 为风振系数；γ 为货物偏摆角，取值范围为 $3° \sim 6°$；β_2 为按照起升状态级别所设定的系数；C 为风力系数；P 为计算风压；m 为起升滑轮组的倍率；η 为起升滑轮组的效率；v_q 为稳定起升速度。

自重载荷 P_G 作用于臂架系统的各个位置，因此在 ANSYS 分析中打开重力场，用来模拟臂架系统的自重，将重力场中的重力加速度设置为正常重力加速度的 ϕ_1 倍，模拟起升冲击效应。起升载荷 P_Q 只作用在臂头吊钩处，因此可将其等效为集中载荷。为简化模型，将风载及由于重物偏摆引起的侧向力、起升绳力均视为集中载荷，作用在组合臂架的臂头处。

6.4 固定副臂超起组合臂架系统屈曲分析

6.4.1 带偏心调整架时的特征值屈曲分析与非线性屈曲分析

本次屈曲分析中，主臂各节臂组合工况为 222222，即各节臂外伸至 92% 的行程，主臂臂长 78.6m，主臂仰角为 83°，固定副臂臂长 14m，副臂与主臂夹角为 0°，偏心调整架及超起装置的参数如下：$\alpha_1 = 90°$，$\alpha_2 = 90°$，$L_1 = 10.95\text{m}$，$\theta_1 = 80°$，$\theta_2 = 100°$，$L_0 = 5.5\text{m}$，承受的载荷包括吊载、自重、偏载、风载与起升绳力。

首先对有限元模型进行特征值屈曲分析，分析结果显示当吊载 Q 为 92.2t（即 903.56kN）时，首个数值为正的载荷因子趋近于 1，此时的吊载即为特征值屈曲分析求得的固定副臂超起组合臂架系统的临界屈曲吊载，取其前 6 阶载荷因子，如表 6.11 所示。

表 6.11 特征值屈曲分析前 6 阶载荷因子

阶数	1	2	3	4	5	6
载荷因子	1.0000	1.0507	1.1204	1.2920	1.3250	1.4282

取其前 2 阶屈曲模态如图 6.15 所示。

根据特征值屈曲分析得到的结果，引入初始几何缺陷，即载荷因子逼近 1 时结构形变的 0.01 倍，以臂架头部节点 N110 作为目标节点，设定力、力矩收敛准

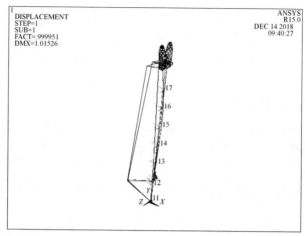

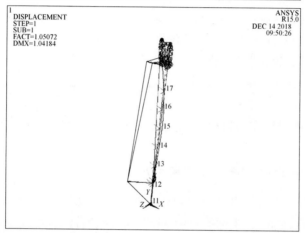

图 6.15　特征值屈曲分析前 2 阶屈曲模态

则，采用弧长法对模型进行非线性屈曲分析，得到模型对应的载荷-位移曲线如图 6.16 所示。

由载荷-位移曲线可知，当吊载 Q 为 51.45t（即 504.31kN）时，臂架头部节点 N110 在 U_X、U_Y、U_Z 三个方向上的载荷-位移曲线出现极大值点，故认为非线性屈曲分析的临界屈曲载荷为 51.45t。

6.4.2　不带偏心调整架时的特征值屈曲分析与非线性屈曲分析

本次屈曲分析中，主臂各节臂组合工况为 222222，即各节臂外伸至 92% 的行程，主臂臂长 78.6m，主臂仰角为 83°，固定副臂臂长 14m，副臂与主臂夹角为 0°，超起装置的参数如下：$\alpha_1 = 90°$，$\alpha_2 = 90°$，$L_1 = 10.95$m，承受的载荷包括吊载、自重、偏载、风载与起升绳力。

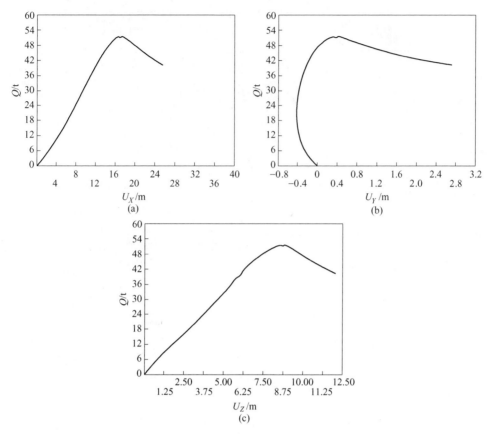

图 6.16　非线性屈曲分析的载荷-位移曲线

首先对有限元模型进行特征值屈曲分析，分析显示当吊载 Q 为 48.9t（即 479.22kN）时，首个数值为正的载荷因子趋近于 1，此时的吊载即为特征值屈曲分析求得的固定副臂超起组合臂架系统的临界屈曲吊载，取其前 6 阶载荷因子，见表 6.12。

表 6.12　特征值屈曲分析前 6 阶载荷因子

阶数	1	2	3	4	5	6
载荷因子	1.0008	1.0288	2.2173	2.4279	3.5546	4.3037

取其前 2 阶屈曲模态如图 6.17 所示。

根据特征值屈曲分析得到的结果，引入初始几何缺陷，即载荷因子逼近 1 时结构形变的 0.01 倍，以臂架头部节点 N110 作为目标节点，设定力、力矩收敛准则，采用弧长法对模型进行非线性屈曲分析，得到模型对应的载荷-位移曲线如图 6.18 所示。

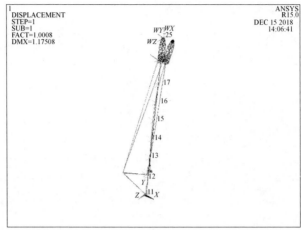

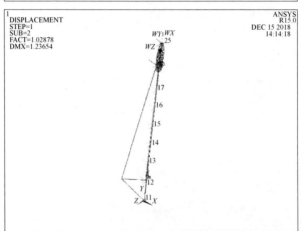

图 6.17　特征值屈曲分析前 2 阶屈曲模态

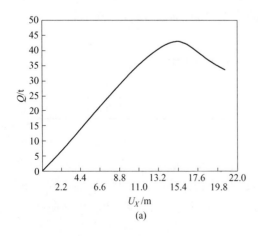

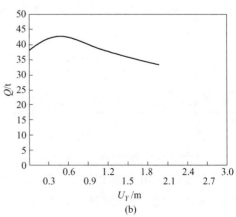

(a)　　　　　　　　　　　　　　(b)

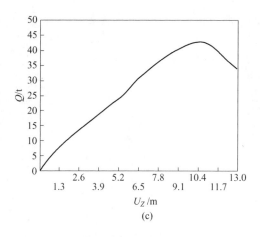

图 6.18 非线性屈曲分析的载荷-位移曲线

由载荷-位移曲线可知，当吊载 Q 为 43t（即 421.4kN）时，臂架头部节点 N110 在 U_X、U_Y、U_Z 三个方向上的载荷-位移曲线出现极大值点，故认为非线性屈曲分析的临界屈曲载荷为 43t。

6.5 塔式副臂超起组合臂架系统屈曲分析

6.5.1 带偏心调整架时的特征值屈曲分析与非线性屈曲分析

本次屈曲分析中，主臂各节臂组合工况为 222222，即各节臂外伸至 92% 的行程，主臂臂长 78.6m，主臂仰角为 83°，塔式副臂臂长 21m，副臂仰角为 48.4°，偏心调整架及超起装置的参数如下：$\alpha_1 = 90°$，$\alpha_2 = 90°$，$L_1 = 10.95m$，$\theta_1 = 80°$，$\theta_2 = 100°$，$L_0 = 5.5m$，承受的载荷包括吊载、自重、偏载、风载与起升绳力。

首先对有限元模型进行特征值屈曲分析，结果显示当吊载 Q 为 90.2t（即 883.96kN）时，首个数值为正的载荷因子趋近于 1，此时的吊载即为特征值屈曲分析求得的塔式副臂超起组合臂架系统的临界屈曲吊载，取其前 6 阶载荷因子，见表 6.13。

表 6.13　特征值屈曲分析前 6 阶载荷因子

阶数	1	2	3	4	5	6
载荷因子	−2.0554	−1.7150	1.0003	1.0425	1.3689	1.5788

表 6.13 中前两阶特征值（载荷因子）均为负值，从第三阶开始往后变为正的特征值。ANSYS 帮助文档里有关特征值屈曲分析过程的章节里对出现负的特征值做出了解释，认为负的特征值表明当所有施加在结构上的载荷反向时结构会

发生屈曲。当然，如果所分析的对象不会出现载荷同时反向的情况，则可以忽略负的特征值。

取第 3 阶、第 4 阶屈曲模态如图 6.19 所示。

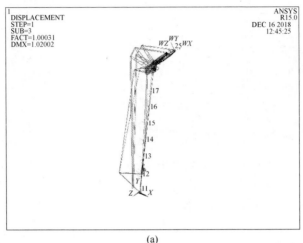

(a)

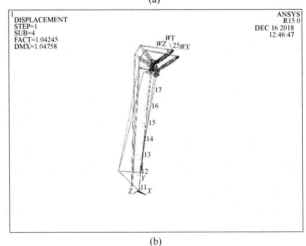

(b)

图 6.19 特征值屈曲分析第 3、第 4 阶屈曲模态

根据特征值屈曲分析得到的结果，引入初始几何缺陷，即载荷因子逼近 1 时结构形变的 0.01 倍，以臂架头部节点 N207 作为目标节点，设定力、力矩收敛准则，采用弧长法对模型进行非线性屈曲分析，得到模型对应的载荷-位移曲线如图 6.20 所示。

由载荷-位移曲线可知，当吊载 Q 为 60.04t（即 588.39kN）时，臂架头部节点 N207 在 U_X、U_Y、U_Z 三个方向上的载荷-位移曲线出现极大值点，故认为非线性屈曲分析的临界屈曲载荷为 60.04t。

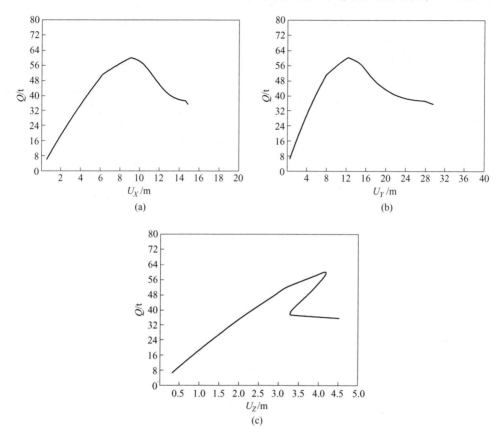

图 6.20 非线性屈曲分析的载荷-位移曲线

6.5.2 不带偏心调整架时的特征值屈曲分析与非线性屈曲分析

本次屈曲分析中，主臂各节臂组合工况为 222222，即各节臂外伸至 92% 的行程，主臂臂长 78.6m，主臂仰角为 83°，塔式副臂臂长 21m，副臂仰角为 48.4°，超起装置的参数如下：$\alpha_1 = 90°$，$\alpha_2 = 90°$，$L_1 = 10.95m$，承受的载荷包括吊载、自重、偏载、风载与起升绳力。

首先对有限元模型进行特征值屈曲分析，结果显示当吊载 Q 为 54.5t（即 534.1kN）时，首个数值为正的载荷因子趋近于 1，此时的吊载即为特征值屈曲分析求得的塔式副臂超起组合臂架系统的临界屈曲吊载，取其前 6 阶载荷因子，如表 6.14 所示。

表 6.14 特征值屈曲分析前 6 阶载荷因子

阶数	1	2	3	4	5	6
载荷因子	−3.6895	−3.2722	0.9992	1.0842	2.2172	2.3412

取第 3 阶、第 4 阶屈曲模态如图 6.21 所示。

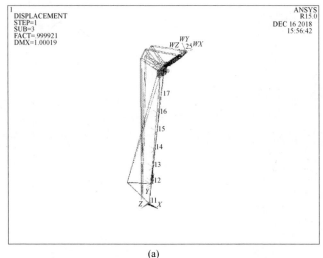

(a)

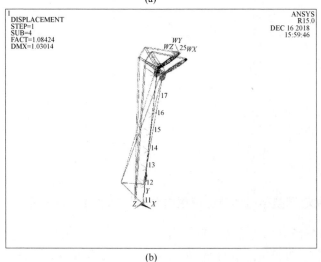

(b)

图 6.21　特征值屈曲分析第 3、第 4 阶屈曲模态

　　根据特征值屈曲分析得到的结果，引入初始几何缺陷，即载荷因子逼近 1 时结构形变的 0.01 倍，以臂架头部节点 N207 作为目标节点，设定力、力矩收敛准则，采用弧长法对模型进行非线性屈曲分析，得到模型对应的载荷-位移曲线如图 6.22 所示。

　　由载荷-位移曲线可知，当吊载 Q 为 46.27t（即 453.45kN）时，臂架头部节点 N207 在 U_X、U_Y、U_Z 三个方向上的载荷-位移曲线出现极大值点，故认为非线性屈曲分析的临界屈曲载荷为 46.27t。

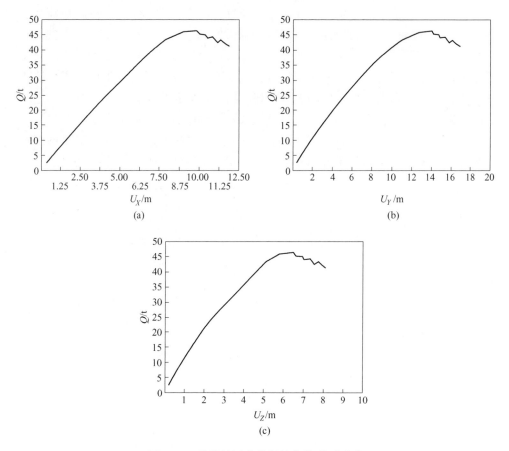

图 6.22 非线性屈曲分析的载荷-位移曲线

　　本章对全地面起重机固定副臂超起组合臂架系统以及塔式副臂超起组合臂架系统的构造进行了详细的介绍，对臂架系统每一个部件的结构及在 ANSYS 中建模时的简化方式进行了介绍，结合每一个部件的结构形式，为其匹配了最佳的单元，并且列出了组合臂架系统各部分所用材料的属性，包括材料的名称、弹性模量、泊松比、材料密度等。利用 ANSYS 提供的 APDL 语言对每个部分进行参数化建模并进行网格划分。根据臂架系统各部分之间的装配关系，给出 ANSYS 中各部件之间的约束形式，将网格划分后的各个独立的有限元模型组装成一个整体。针对本章所需分析的问题，本章建立了四个组合臂架工况，包括安装偏心调整架的固定副臂超起组合工况、不安装偏心调整架的固定副臂超起组合工况、安装偏心调整架的塔式副臂超起组合工况以及不安装偏心调整架的塔式副臂超起组合工况，本章最后对组合臂架系统可能受到的载荷进行了分析，为后续的分析奠定了基础。

　　分别对特征值屈曲分析及非线性屈曲分析的理论进行了分析，在此基础上采用 ANSYS 软件对固定副臂超起组合臂架系统及塔式副臂超起组合臂架系统在安装偏心调整架前后进行线性及非线性屈曲分析，表明由线性屈曲分析求解的失稳临界载荷高于非线性屈曲分析得到的值，这是因为非线性屈曲分析引入了初始缺陷并考虑了大变形的影响。就固定副臂超起组合臂架系统而言，在本章中选定的分析工况下，安装偏心调整架后组合臂架系统的整体稳定性相比未安装时提高了约 19.65%；对于塔式副臂超起组合臂架系统，在本章中选定的分析工况下，安装偏心调整架后组合臂架系统的整体稳定性相比未安装时提高了约 29.76%。

7 偏心调整架参数对组合臂架系统整体稳定性的影响

安装偏心调整架能提升全地面起重机组合臂架系统的整体稳定性，偏心调整架的撑杆长度 L_0、撑杆的张开角度 θ_1 以及撑杆的变幅角度 θ_2 如何选择才能达到最大的增幅效果，需要进一步研究偏心调整架的各参数对组合臂架系统整体稳定性的影响规律，并探究各参数之间的相互关系[53,54]。

7.1 固定副臂超起组合臂架系统

7.1.1 计算工况及工作参数

在本小节中，固定副臂超起组合臂架系统的工况参数如下：主臂长 78.6m，出臂方式为 222222，主臂仰角为 83°，副臂 14m，副臂与主臂夹角为 0°，超起装置撑杆张开角度 $\alpha_1 = 40°$，超起装置撑杆变幅角度 $\alpha_2 = 90°$，超起装置撑杆长度 $L_1 = 10.95\text{m}$。

7.1.2 L_0 对固定副臂超起组合臂架系统整体稳定性的影响

偏心调整架撑杆张开角度 $\theta_1 = 80°$ 保持不变，改变偏心调整架撑杆变幅角度 θ_2，得到不同 θ_2 条件下偏心调整架撑杆长度 L_0 对固定副臂超起组合臂架系统整体稳定性的影响曲线，如图 7.1 所示。

由图 7.1 可以看出，当 $\theta_1 = 80°$，θ_2 分别取值为 20°、40°、60°、80°、100°、120°、140°、160°时，当临界屈曲载荷达到极大值时，对应的偏心调整架撑杆长度 L_0 均为 6m，且随着 θ_2 的增加，对应的曲线先逐渐上移，然后又逐渐下降，说明偏心调整架撑杆变幅角度存在一个最优值。

当 $\theta_1 = 80°$，θ_2 分别取值为 20°、40°、60°、80°、100°、120°、140°、160°时，最佳的偏心调整架撑杆长度 L_0 以及对应的最大临界屈曲吊载 F_{cr} 的具体数值见表 7.1。

由表 7.1 可知，$\theta_1 = 80°$ 保持不变，当 $\theta_2 = 100°$，$L_0 = 6\text{m}$ 时，固定副臂超起组合臂架系统的整体稳定性最佳，此时的临界屈曲吊载为 71.5t。

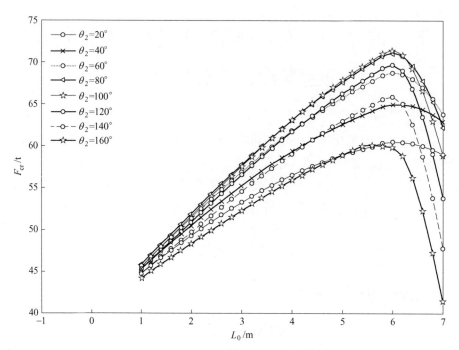

图 7.1　偏心调整架撑杆长度 L_0 的影响曲线

表 7.1　偏心调整架参数 L_0 与 θ_2 的组合

$\theta_2 /(°)$	20	40	60	80	100	120	140	160
L_0 /m	6	6	6	6	6	6	6	5.5~6
F_{cr} /t	60.5	65	68.8	71.1	71.5	69.7	65.9	59.9~60.1

　　为了直观地展现偏心调整架撑杆长度 L_0 与偏心调整架变幅角度 θ_2 的相互关系，利用 MATLAB 对 ANSYS 求得的结果进行处理，绘制偏心调整架参数 L_0 与 θ_2 的相互关系的等值线图，如图 7.2 所示，图中等值线密集处表示此处固定副臂超起组合臂架系统的整体临界屈曲载荷对偏心调整架的撑杆长度 L_0 以及偏心调整架撑杆的变幅角度 θ_2 的变化较敏感，变化速度较快。图中深红色区域对应的 L_0 及 θ_2 即为最佳的配比组合，此时固定副臂超起组合臂架系统的整体临界屈曲载荷最大。

　　绘制偏心调整架参数 L_0 与 θ_2 的相互关系的三维立体图，如图 7.3 所示。

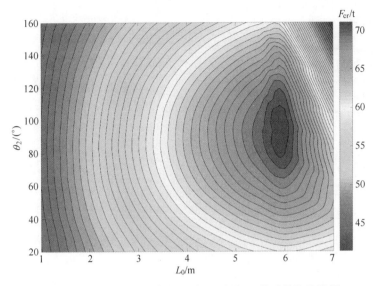

图 7.2　偏心调整架参数 L_0 与 θ_2 的相互关系的等值线图

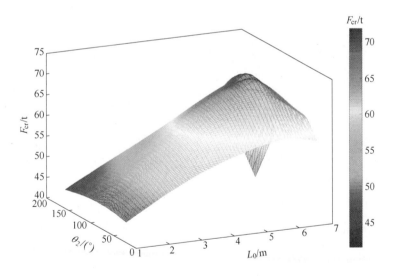

图 7.3　偏心调整架参数 L_0 与 θ_2 的相互关系的 3D 图

7.1.3　θ_1 对固定副臂超起组合臂架系统整体稳定性的影响

偏心调整架撑杆变幅角度 $\theta_2 = 100°$ 保持不变，改变偏心调整架撑杆长度 L_0，得到不同 L_0 条件下偏心调整架撑杆张角 θ_1 对固定副臂超起组合臂架系统整体稳定性的影响曲线，如图 7.4 所示。

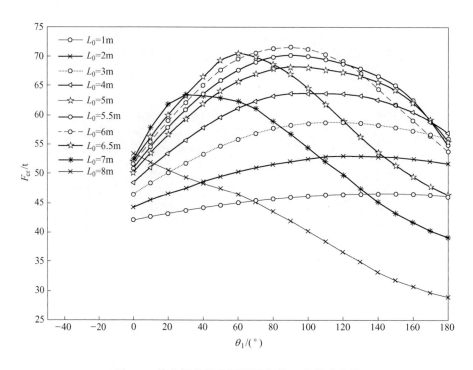

图 7.4 偏心调整架撑杆张开角度 θ_1 的影响曲线

由图 7.4 可以看出，$\theta_2 = 100°$ 保持不变，当 L_0 取值为 1m、2m、3m、4m、5m、5.5m、6m、6.5m、7m 时，在 $\theta_1 \in [0°, 180°]$ 范围内，固定副臂超起组合臂架系统的临界屈曲载荷随 θ_1 的增大先升高后降低；当 $L_0 = 8m$ 时，固定副臂超起组合臂架系统的临界屈曲载荷 θ_1 的增大单调减小。随着 L_0 的增大，曲线的峰值逐渐向左偏移。

当 $\theta_2 = 100°$，L_0 分别取值 1m、2m、3m、4m、5m、5.5m、6m、6.5m、7m、8m 时，最佳的偏心调整架撑杆张开角度 θ_1 以及对应的最大临界屈曲吊载 F_{cr} 的具体数值见表 7.2。

表 7.2 偏心调整架参数 θ_1 与 L_0 的组合

L_0 /m	1	2	3	4	5	5.5	6	6.5	7	8
θ_1 /(°)	150	120	110~120	90~120	90	90	90	60	30	0
F_{cr} /t	46.5	53	58.7~58.8	63.6	68.2	70.2	71.6	70.5	63.4	53.5

由表 7.2 可知，$\theta_2 = 100°$ 保持不变，当 $\theta_1 = 90°$，$L_0 = 6m$ 时，固定副臂超起组合臂架系统的整体稳定性最佳，此时的临界屈曲吊载为 71.6t。

为了直观地展现偏心调整架张开角度 θ_1 与偏心调整架撑杆长度 L_0 的相互关系，利用 MATLAB 对 ANSYS 求得的结果进行处理，绘制偏心调整架参数 θ_1 与 L_0 的相互关系的等值线图，如图 7.5 所示，图中深红色区域对应的 θ_1 与 L_0 即为最佳的配比组合，此时固定副臂超起组合臂架系统的临界屈曲载荷最大。

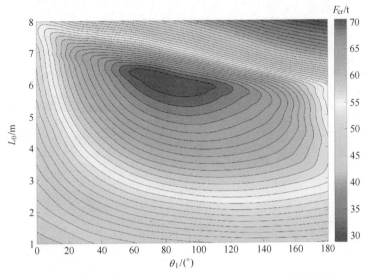

图 7.5　偏心调整架参数 θ_1 与 L_0 的相互关系的等值线图

绘制偏心调整架参数 θ_1 与 L_0 的相互关系的三维立体图，如图 7.6 所示。

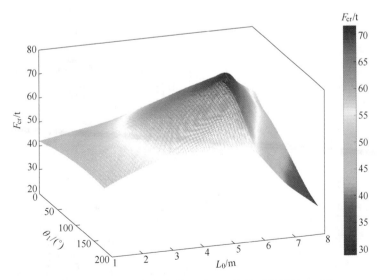

图 7.6　偏心调整架参数 θ_1 与 L_0 的相互关系的 3D 图

7.1.4 θ_2 对固定副臂超起组合臂架系统整体稳定性的影响

偏心调整架撑杆长度 $L_0 = 4m$ 保持不变，改变偏心调整架撑杆张开角度 θ_1，得到不同 θ_1 条件下偏心调整架撑杆变幅角度 θ_2 对固定副臂超起组合臂架系统整体稳定性的影响曲线，如图 7.7 所示。

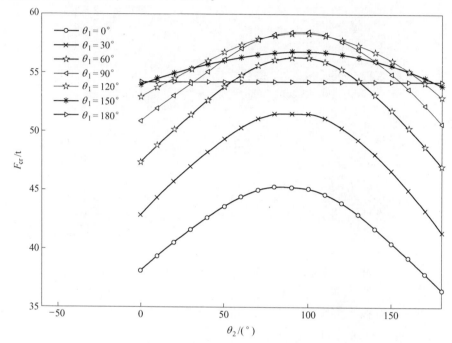

图 7.7   偏心调整架撑杆变幅角度 θ_2 的影响曲线

由图 7.7 可以看出，$L_0 = 4m$ 保持不变，当 θ_1 的取值逐渐由 0°增加到 180°时，不同 θ_1 对应的曲线的峰值迅速稳定在 100°附近；随着 θ_1 的增大，θ_2 对固定副臂超起组合臂架系统的整体稳定性影响曲线逐渐减弱。

当 $L_0 = 4m$，θ_1 分别取值 0°、30°、60°、90°、120°、150°、180°时，最佳的偏心调整架撑杆变幅角度 θ_2 以及对应的最大临界屈曲吊载 F_{cr} 的具体数值，见表 7.3。

表 7.3   偏心调整架参数 θ_2 与 θ_1 的组合

$\theta_1 / (°)$	0	30	60	90	120	150	180
$\theta_2 / (°)$	80	90	100	100	100	100	0~180
F_{cr} / t	45.3	51.7	56.3	58.5	58.4	56.8	54.2

由表 7.3 可知，$L_0 = 4m$ 保持不变，当 $\theta_1 = 90°$，$\theta_2 = 100°$时，固定副臂超起组

合臂架系统的整体稳定性最佳，此时的临界屈曲吊载为58.5t。

为了直观地展现偏心调整架撑杆变幅角度θ_2与偏心调整架张开角度θ_1的相互关系，利用MATLAB对ANSYS求得的结果进行处理，绘制偏心调整架参数θ_2与θ_1的相互关系的等值线图，如图7.8所示，图中深色区域对应的θ_2与θ_1即为最佳的配比组合，此时固定副臂超起组合臂架系统的临界屈曲载荷最大。

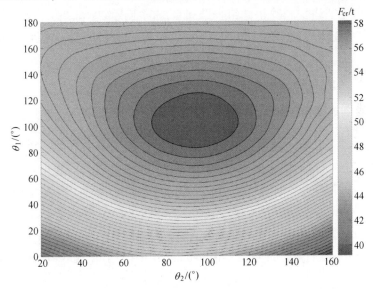

图7.8 偏心调整架参数θ_2与θ_1的相互关系的等值线图

绘制偏心调整架参数θ_2与θ_1的相互关系的三维立体图，如图7.9所示。

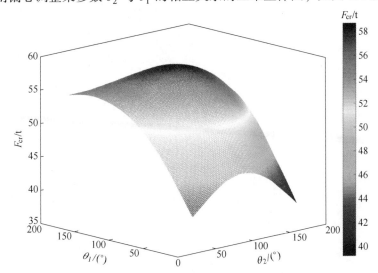

图7.9 偏心调整架参数θ_2与θ_1的相互关系的3D图

7.2   塔式副臂超起组合臂架系统

7.2.1   计算工况及工作参数

在本小节中，塔式副臂超起组合臂架系统的工况参数如下：主臂长 78.6m，出臂方式为 222222，主臂仰角为 83°，副臂 21m，副臂仰角为 48.4°，塔式副臂由 7m 底节、7m 中间节、7m 顶节组成，超起装置撑杆张开角度 $\alpha_1 = 90°$，超起装置撑杆变幅角度 $\alpha_2 = 90°$，超起装置撑杆长度 $L_1 = 10.95m$。

7.2.2 L_0 对塔式副臂超起组合臂架系统整体稳定性的影响

偏心调整架撑杆张开角度 $\theta_1 = 80°$ 保持不变，改变偏心调整架撑杆变幅角度 θ_2，得到不同 θ_2 条件下偏心调整架撑杆长度 L_0 对塔式副臂超起组合臂架系统整体稳定性的影响曲线，如图 7.10 所示。从此图中可以看出，当 $\theta_1 = 80°$，θ_2 分别取值为 20°、40°、60°、80°、100°、120°、140°、160°时，当临界屈曲载荷达到极大值时，对应的偏心调整架撑杆长度 L_0 均为处于 [5.0m，5.5m] 之间。θ_2 从 20°增大到120°，关于 L_0 的曲线不断上升，继续增加 θ_2 至 160°时，曲线开始回落。

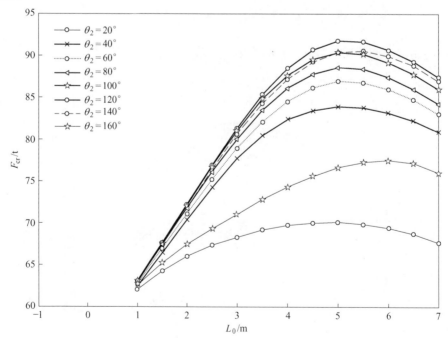

图 7.10   偏心调整架撑杆长度 L_0 的影响曲线

当 $\theta_1 = 80°$，θ_2 分别取值为 $20°$、$40°$、$60°$、$80°$、$100°$、$120°$、$140°$、$160°$时，最佳的偏心调整架撑杆长度 L_0 以及对应的最大临界屈曲吊载 F_{cr} 的具体数值，见表 7.4。

表 7.4　偏心调整架参数 L_0 与 θ_2 的组合

$\theta_2/(°)$	20	40	60	80	100	120	140	160
L_0/m	4.0~5.5	5.0~5.5	5.0~5.5	5.0~5.5	5.0~5.5	5.0~5.5	5.0~5.5	5.0~5.5
F_{cr}/t	69.7~70.1	83.8~83.9	86.8~87.0	88.4~88.6	90.2~90.4	91.7~91.8	90.4~90.6	76.6~77.2

根据表 7.4 可知，$\theta_1 = 80°$ 保持不变，当 $\theta_2 = 120°$，$L_0 \in [5.0, 5.5]$ m 时，塔式副臂超起组合臂架系统的整体稳定性最佳，此时的临界屈曲吊载为 91.7~91.8t。

为清楚地展示偏心调整架撑杆长度 L_0 与偏心调整架变幅角度 θ_2 之间关于组合臂架整体稳定性的关系，利用 MATLAB 对 ANSYS 求得的结果进行处理，绘制偏心调整架参数 L_0 与 θ_2 的相互关系的等值线图，如图 7.11 所示；绘制偏心调整架参数 L_0 与 θ_2 的相互关系的三维立体图，如图 7.12 所示。从等值线图 7.11 中可以清楚的看到，深色区域（即塔式副臂超起组合臂架系统在当前选定的工况下取得最大临界屈曲吊载时偏心调整架的撑杆长度 L_0 与偏心调整架变幅角度 θ_2 的最佳组合的取值范围）位于 $\theta_2 = 120°$、$L_0 = 5.2$m 附近。

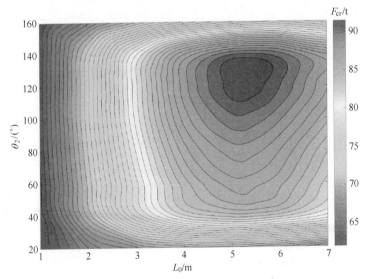

图 7.11　偏心调整架参数 L_0 与 θ_2 的相互关系的等值线图

7.2.3　θ_1 对塔式副臂超起组合臂架系统整体稳定性的影响

偏心调整架撑杆变幅角度 $\theta_2 = 100°$ 保持不变，改变偏心调整架撑杆长度 L_0，

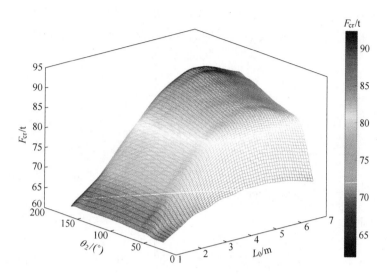

图 7.12　偏心调整架参数 L_0 与 θ_2 的相互关系的 3D 图

得到不同 L_0 条件下偏心调整架撑杆张角 θ_1 对塔式副臂超起组合臂架系统整体稳定性的影响曲线，如图 7.13 所示。

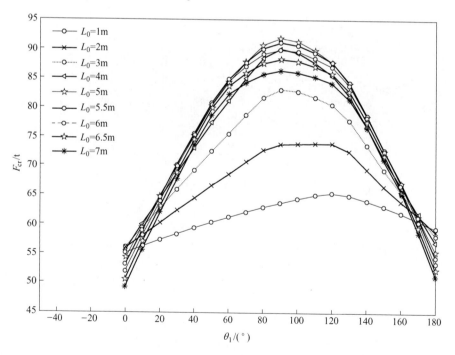

图 7.13　偏心调整架撑杆张开角度 θ_1 的影响曲线

由图 7.13 可以看出，$\theta_2 = 100°$ 保持不变，当 L_0 取值分别为 1m、2m、3m、4m、5m、5.5m、6m、6.5m、7m 时，塔式副臂超起组合臂架系统取得最大临界屈曲吊载时，对应的偏心调整架撑杆张开角度 θ_1 基本稳定在 90°。

当 $\theta_2 = 100°$，L_0 分别取值 1m、2m、3m、4m、5m、5.5m、6m、6.5m、7m 时，最佳的偏心调整架撑杆张开角度 θ_1 以及对应的最大临界屈曲吊载 F_{cr} 的具体数值，见表 7.5。由表 7.5 可知，$\theta_2 = 100°$ 保持不变，当 $\theta_1 = 90°$，$L_0 = 5m$ 时，塔式副臂超起组合臂架系统的整体稳定性最好，此时的临界屈曲吊载为 91.9t。

表 7.5　偏心调整架参数 θ_1 与 L_0 的组合

L_0 /m	1	2	3	4	5	5.5	6	6.5	7
θ_1 /(°)	120	120	90	90	90	90	90	90	90
F_{cr} /t	65.4	73.9	83.1	90	91.9	91.1	89.9	88.3	86.3

为了直观地展现偏心调整架张开角度 θ_1 与偏心调整架撑杆长度 L_0 的相互关系，利用 MATLAB 对 ANSYS 求得的结果进行处理，绘制偏心调整架参数 θ_1 与 L_0 的相互关系的等值线图，如图 7.14 所示，图中深色区域对应的 θ_1 与 L_0 即为最佳的配比组合范围，此时塔式副臂超起组合臂架系统的临界屈曲载荷最大。绘制偏心调整架参数 θ_1 与 L_0 的相互关系的三维立体图，如图 7.15 所示。

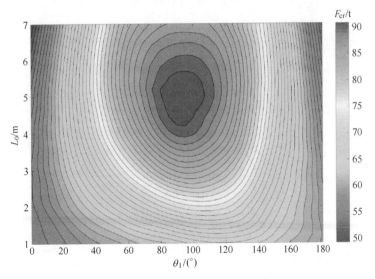

图 7.14　偏心调整架参数 θ_1 与 L_0 的相互关系的等值线图

7.2.4　θ_2 对塔式副臂超起组合臂架系统整体稳定性的影响

偏心调整架撑杆长度 $L_0 = 5m$ 保持不变，改变偏心调整架撑杆张开角度 θ_1，

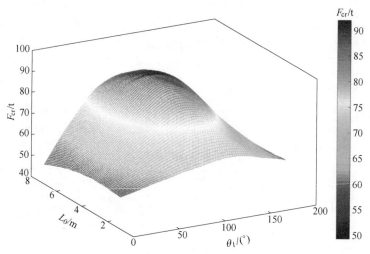

图 7.15　偏心调整架参数 θ_1 与 L_0 的相互关系的 3D 图

得到不同 θ_1 条件下偏心调整架撑杆变幅角度 θ_2 对塔式副臂超起组合臂架系统整体稳定性的影响曲线，如图 7.16 所示，在分析过程中发现，塔式副臂超起组合臂架工况下，不同 θ_1 对应的 θ_2 曲线形态相差较大，故以 15°为间距，分析求解了更多组数据。

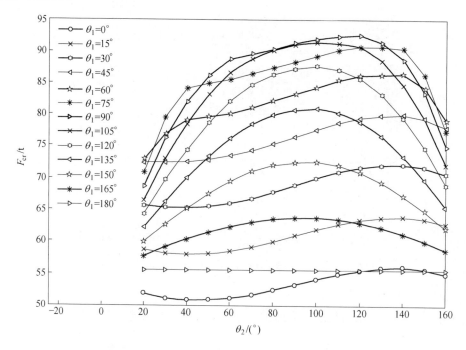

图 7.16　偏心调整架撑杆变幅角度 θ_2 的影响曲线

由图 7.16 可以看出，$L_0 = 5\text{m}$ 保持不变，θ_1 分别取 0°、15°、30°、45°时，对应的关于 θ_2 的影响曲线的变化趋势相同，其过程为降低—升高—降低；θ_1 分别取 60°、75°、90°时，对应的关于 θ_2 的影响曲线逐渐过渡为近似抛物线；θ_1 分别取 105°、120°、135°、150°、165°、180°时，对应的关于 θ_2 的影响曲线为近似抛物线，在 $\theta_2 \in [20°, 160°]$ 的范围内有且仅有一个极值点。

$L_0 = 5\text{m}$ 保持不变，θ_1 分别取值 0° ~ 180°，以 15°递增时，最佳的偏心调整架撑杆变幅角度 θ_2 以及对应的最大临界屈曲吊载 F_{cr} 的具体数值，见表 7.6。

表 7.6 偏心调整架参数 θ_2 与 θ_1 的组合

$\theta_1 /(°)$	0	15	30	45	60	75	90	105	120	135	150	165	180
$\theta_2 /(°)$	140	140	140	140	140	120	120	100	100	100	100	100	100
F_{cr} /t	56	64	72.2	80	86.5	90.7	92.5	91.4	87.7	81	72.6	63.8	55.5

由表 7.6 可知，$L_0 = 5\text{m}$ 保持不变，当 $\theta_1 = 90°$，$\theta_2 = 120°$时，固定副臂超起组合臂架系统的整体稳定性最佳，此时的临界屈曲吊载为 92.5t。

为了直观地展现偏心调整架撑杆变幅角度 θ_2 与偏心调整架张开角度 θ_1 的相互关系，利用 MATLAB 对 ANSYS 求得的结果进行处理，绘制偏心调整架参数 θ_2 与 θ_1 的相互关系的等值线图，如图 7.17 所示，图中深色区域对应的 θ_2 与 θ_1 即为最佳的配比组合范围，此时塔式副臂超起组合臂架系统的临界屈曲载荷最大。绘制偏心调整架参数 θ_2 与 θ_1 的相互关系的三维立体图，如图 7.18 所示。

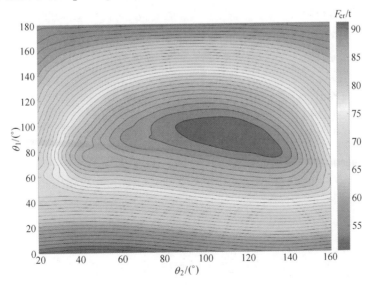

图 7.17 偏心调整架参数 θ_2 与 θ_1 的相互关系的等值线图

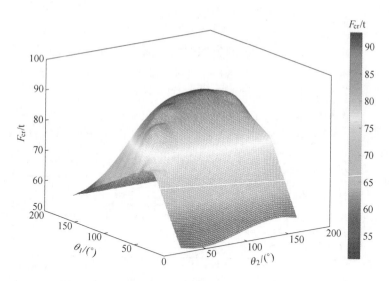

图 7.18　偏心调整架参数 θ_2 与 θ_1 的相互关系的 3D 图

　　本章研究了偏心调整架的撑杆长度 L_0、撑杆的张开角度 θ_1 以及撑杆的变幅角度 θ_2 对固定副臂超起组合臂架系统以及塔式副臂超起组合臂架系统的整体稳定性的影响规律，并以组合臂架系统的整体稳定性为判断依据，分析了偏心调整架 L_0、θ_1、θ_2 三个关键参数的相互关系。综合分析结果表明，对于固定副臂超起组合臂架系统，选定工况：主臂长 78.6m，主臂仰角为 83°，副臂 14m，副臂与主臂夹角为 0°，超起装置主要参数 $L_1 = 10.95m$，$\alpha_1 = 40°$，$\alpha_2 = 90°$，在这种工况下，偏心调整架的最佳参数为：$L_0 = 6m$，$\theta_1 = 80°$，$\theta_2 = 100°$；对于塔式副臂超起组合臂架系统，选定工况：主臂长 78.6m，主臂仰角为 83°，副臂 21m，副臂仰角为 48.4°，超起装置主要参数 $L_1 = 10.95m$，$\alpha_1 = 90°$，$\alpha_2 = 90°$，在这种工况下，偏心调整架的最佳参数为：$L_0 = 5m$，$\theta_1 = 90°$，$\theta_2 = 120°$。

8 偏心调整架与超起的相互关系对臂架稳定性的影响

偏心调整架与超起装置都是成对使用，在指定的工况下，偏心调整架的撑杆长度 L_0、撑杆的张开角度 θ_1 以及撑杆的变幅角度 θ_2 与超起装置的撑杆长度 L_1、撑杆的张开角度 α_1 以及撑杆的变幅角度 α_2，如何配比才能使组合臂架系统具备最佳的稳定性。本章的主要任务便是以组合臂架系统的整体稳定性为判断依据，研究偏心调整架与超起装置的六个参数之间的关系。

8.1 固定副臂超起组合臂架系统

8.1.1 计算工况及工作参数

在本小节中，固定副臂超起组合臂架系统的工况参数如下：主臂长 78.6m，出臂方式为 222222，主臂仰角为 83°，副臂 14m，副臂与主臂夹角为 0°。

8.1.2 偏心调整架撑杆长度 L_0 与超起装置撑杆长度 L_1 的关系

为了分析偏心调整架撑杆长度 L_0 及超起装置的撑杆长度 L_1 之间的关系，保持其余四个参数不变，具体数据如下：$\theta_1 = 80°$，$\theta_2 = 100°$，$\alpha_1 = 40°$，$\alpha_2 = 90°$。改变 L_1，得到不同 L_1 条件下偏心调整架撑杆长度 L_0 对固定副臂超起组合臂架系统整体稳定性的影响曲线，如图 8.1 所示，从图中可以看出，随着 L_1 由 5m 增大到 15m，L_0 的影响曲线逐渐上移，超过 15m 后，L_0 的影响曲线逐渐开始下移。

将图 8.1 中各条曲线的峰值列在表 8.1 中，由表可知，随着 L_1 的增大，最优的临界屈曲吊载对应的 L_0 的取值先减小后增大，当 $L_1 = 10.95$m 时，L_0 取值最小，为 5.6m，此时组合臂架系统的临界屈曲吊载为 88.4t。若是以最大临界吊载为判断依据，那么 L_0 与 L_1 的最佳取值为 $L_0 = 5.8$m，$L_1 = 15$m，此时的临界屈曲吊载为 94.2t。

图 8.1 仅能直观地表现 L_0 对组合臂架整体稳定性的影响规律，为了展示 L_0 与 L_1 的相互关系，利用 MATLAB 对 ANSYS 求得的结果进行处理，绘制偏心调整

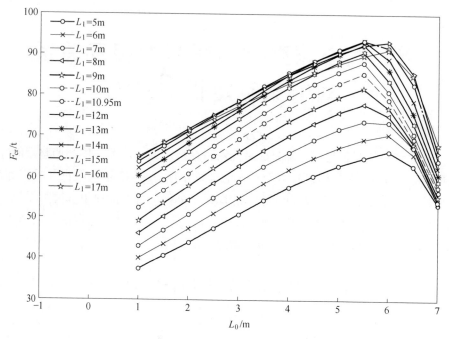

图 8.1　L_0 的影响曲线

表 8.1　L_0 与 L_1 的组合

L_1 /m	5	6	7	8	9	10	10.95	12	13	14	15	16	17
L_0 /m	6	6	5.8	5.75	5.7	5.65	5.6	5.65	5.7	5.73	5.8	5.9	6
F_{cr} /t	66.3	70.5	74.5	78.6	82.2	85.6	88.4	91	92.9	94	94.2	93.4	91.4

架撑杆长度 L_0 与超起装置撑杆长度 L_1 的相互关系的等值线图，如图 8.2 所示。绘制 L_0 与 L_1 的相互关系的 3D 图，如图 8.3 所示。根据图 8.2 可直观地看到，固定副臂组合臂架系统稳定性最好的区域在 $L_0 = 5.8\text{m}$，$L_1 = 15\text{m}$ 这一点的附近。且对于任意给定的超起撑杆长度 L_1，当偏心调整架的撑杆长度 L_0 超过 6m 以后，随着 L_0 的继续增大，组合臂架系统的稳定性迅速衰减，此现象可通过图 8.3 直观地看到。

8.1.3　偏心调整架撑杆张开角度 θ_1 与超起装置撑杆张开角度 α_1 的关系

为了分析偏心调整架撑杆张开角度 θ_1 与超起装置撑杆张开角度 α_1 之间的关系，保持其余四个参数不变，具体数据如下：$L_0 = 4\text{m}$，$\theta_2 = 100°$，$L_1 = 10.95\text{m}$，$\alpha_2 = 90°$。改变 α_1，得到不同 α_1 条件下 θ_1 对组合臂架系统整体稳定性的影响曲线，

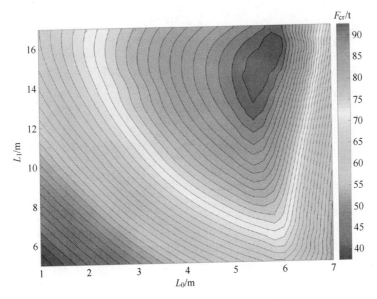

图 8.2　L_0 与 L_1 的相互关系的等值线图

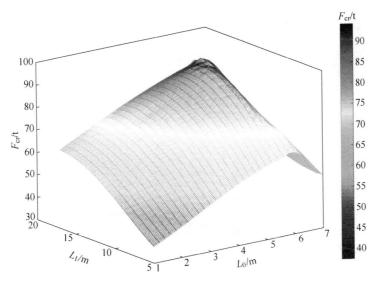

图 8.3　L_0 与 L_1 的相互关系的 3D 图

如图 8.4 所示。

　　由图 8.4 可以看出，随着 α_1 由 20°增加到 160°，关于 θ_1 的影响曲线的峰值逐渐向左移动，即达到最大临界屈曲载荷时对应的 θ_1 逐渐减小。将图 8.4 中各条

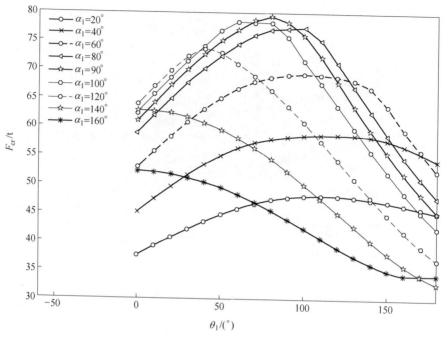

图 8.4 θ_1 的影响曲线

曲线的峰值列在表 8.2 中，由表 8.2 可以看出，随着 α_1 的增大，θ_1 逐渐减小，且当 $\alpha_1 = 90°$，$\theta_1 = 80°$ 时，组合臂架系统的临界屈曲吊载最大，为 79.4t。

表 8.2 θ_1 与 α_1 的组合

$\alpha_1 /(°)$	20	40	60	80	90	100	120	140	160
$\theta_1 /(°)$	120	120	100	100	80	60	40	0	0
F_{cr} /t	48	58.7	69.3	77.4	79.4	78.3	73.7	62.7	52.2

绘制偏心调整架撑杆张开角度 θ_1 与超起装置撑杆张开角度 α_1 的相互关系的等值线图，如图 8.5 所示。绘制 θ_1 与 α_1 的相互关系的 3D 图，如图 8.6 所示。从图 8.5 中可以看到，超起装置撑杆张角 α_1 与偏心调整架撑杆张角 θ_1 近似成反比关系，α_1 越大，最大临界屈曲载荷对应的 θ_1 越小。图中深色区域代表固定副臂超起组合臂架系统达到最佳稳定性时 θ_1 与 α_1 的最佳组合范围。

8.1.4 偏心调整架撑杆变幅角度 θ_2 与超起装置撑杆变幅角度 α_2 的关系

为了分析偏心调整架撑杆变幅角度 θ_2 与超起装置撑杆变幅角度 α_2 之间的关

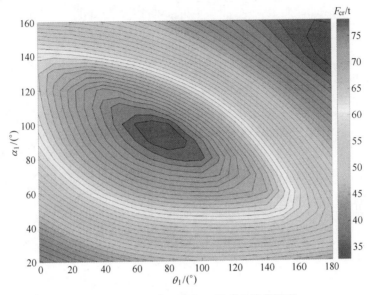

图 8.5 α_1 与 θ_1 的相互关系的等值线图

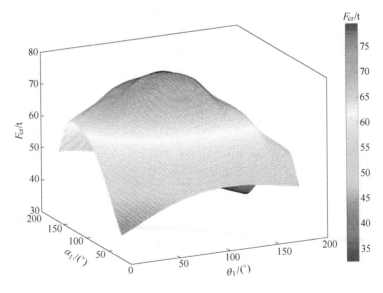

图 8.6 α_1 与 θ_1 的相互关系的 3D 图

系，保持其余四个参数不变，具体数据如下：$L_0 = 4\text{m}$，$\theta_1 = 80°$，$L_1 = 10.95\text{m}$，$\alpha_1 = 90°$。改变 α_2，得到不同 α_2 条件下 θ_2 对组合臂架系统整体稳定性的影响曲线，如图 8.7 所示。

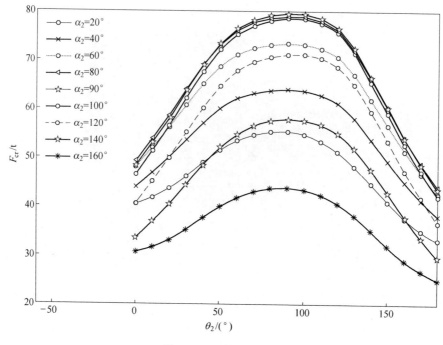

图 8.7　θ_2 的影响曲线

　　由表 8.3 可以看出，超起撑杆变幅角度 α_2 由 20°增加到 160°，关于 θ_2 的影响曲线的峰值始终维持在 90°附近，即不论 α_2 为多少度，要想获得最佳的稳定性，需要使偏心调整架的撑杆变幅角度维持在 [80°，100°] 之内，且当 α_2 = 90°，θ_2 = 90°时，组合臂架系统的临界屈曲吊载最大，为 79.5t。

表 8.3　θ_2 与 α_2 的组合

$\alpha_2 / (°)$	20	40	60	80	90	100	120	140	160
$\theta_2 / (°)$	80~100	80~100	80~100	80~100	80~100	80~100	80~100	80~100	80~100
F_{cr} / t	54.8~55.3	63.8~64	73.1~73.4	78.6~78.9	79.1~79.5	78~78.5	70.6~71.1	57.5~57.8	43.4~43.8

　　绘制偏心调整架撑杆张开角度 θ_2 与超起装置撑杆张开角度 α_2 的相互关系的等值线图，如图 8.8 所示。绘制 θ_2 与 α_2 的相互关系的 3D 图，如图 8.9 所示。从图 8.8 中可以看出，以 θ_2 与 α_2 为变量的等值线近似为椭圆形，同一个临界屈曲吊载对应无数组 θ_2 与 α_2 的组合。图 8.8 中深色区域代表固定副臂超起组合臂架系统达到最佳稳定性时 θ_2 与 α_2 的最佳组合范围。

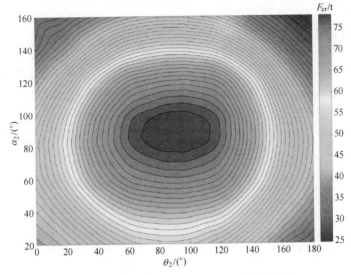

图 8.8　α_2 与 θ_2 的相互关系的等值线图

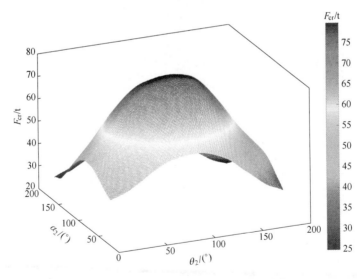

图 8.9　α_2 与 θ_2 的相互关系的 3D 图

8.2　塔式副臂超起组合臂架系统

8.2.1　计算工况及工作参数

在本小节中，塔式副臂超起组合臂架系统的工况参数如下：主臂长 78.6m，出臂方式为222222，主臂仰角为83°，副臂21m，副臂仰角为48.4°。

8.2.2　偏心调整架撑杆长度 L_0 与超起装置撑杆长度 L_1 的关系

　　为了分析偏心调整架撑杆长度 L_0 及超起装置的撑杆长度 L_1 之间的关系，保持其余四个参数不变，具体数据如下：$\theta_1 = 80°$，$\theta_2 = 100°$，$\alpha_1 = 90°$，$\alpha_2 = 90°$。改变 L_1，得到不同 L_1 条件下偏心调整架撑杆长度 L_0 对塔式副臂超起组合臂架系统整体稳定性的影响曲线，如图8.10所示，从图中可以看出，对不同的 L_1，组合臂架系统的稳定性随着 L_0 的增大先增强后减弱，且随着 L_1 的增大，组合臂架系统的稳定性变化减慢。将图8.10中各条曲线的峰值列在表8.4中。

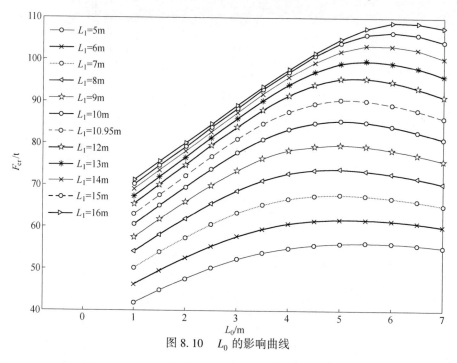

图 8.10　L_0 的影响曲线

表 8.4　L_0 与 L_1 的组合

L_1 /m	5	6	7	8	9	10	10.95	12	13	14	15	16
L_0 /m	5~6	5~5.5	5	5	5	5	5	5.5	5.5	5.5	6	6
F_{cr} /t	56	61.7	67.7	73.8	79.6	85.4	90.4	95.6	99.7	103.4	106.5	108.8

　　由表8.4可知，随着 L_1 的增大，最优的临界屈曲吊载对应的 L_0 的取值先减小后增大，L_1 为7m、8m、9m、10m、10.95m 时，L_0 稳定在5m。表中所列数据 L_1 最大为16m，且最大临界屈曲吊载始终呈增大的趋势，当 $L_1 = 16$m、$L_0 = 6$m 时，组合臂架系统的临界屈曲吊载最大，为108.8t。

为了展示 L_0 与 L_1 的相互关系，绘制偏心调整架撑杆长度 L_0 与超起装置撑杆长度 L_1 的相互关系的等值线图，如图 8.11 所示。绘制 L_0 与 L_1 的相互关系的 3D 图，如图 8.12 所示。

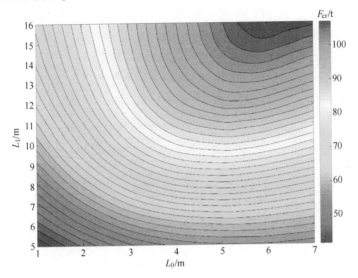

图 8.11　L_0 与 L_1 的相互关系的等值线图

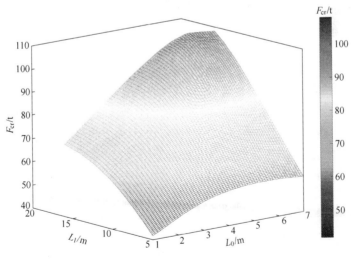

图 8.12　L_0 与 L_1 的相互关系的 3D 图

8.2.3　偏心调整架撑杆张开角度 θ_1 与超起装置撑杆张开角度 α_1 的关系

为了分析塔式副臂超起组合臂架系统中偏心调整架撑杆张开角度 θ_1 与超起

装置撑杆张开角度 α_1 之间的关系，保持其余四个参数不变，具体数据如下：$L_0 = 5\text{m}$，$\theta_2 = 100°$，$L_1 = 10.95\text{m}$，$\alpha_2 = 90°$。改变 α_1，得到不同 α_1 条件下 θ_1 对塔式副臂超起组合臂架系统整体稳定性的影响曲线，如图 8.13 所示。

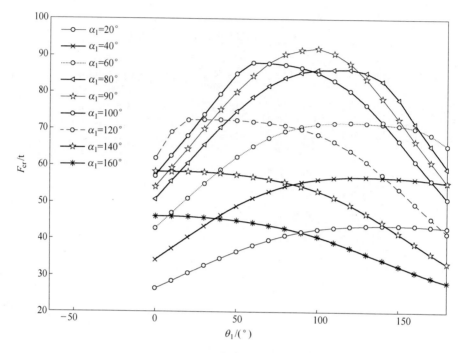

图 8.13 θ_1 的影响曲线

由图 8.13 可以看出，随着 α_1 由 20° 增加到 160°，关于 θ_1 的影响曲线的峰值逐渐向左移动，即达到最大临界屈曲载荷时对应的 θ_1 逐渐减小，这一趋势与固定副臂超起组合臂架系统中的一致。将图 8.13 中各条曲线的峰值列在表 8.5 中，由表中可以看出，随着 α_1 的增大，θ_1 逐渐减小。且当 $\alpha_1 = 90°$，$\theta_1 = 100°$ 时，组合臂架系统的临界屈曲吊载最大，为 92t。

表 8.5 θ_1 与 α_1 的组合

$\alpha_1 /(°)$	20	40	60	80	90	100	120	140	160
$\theta_1 /(°)$	140	120~140	120	100~120	100	80	20~40	0~20	0~20
F_{cr} /t	43.7	56.8~56.9	71.7	86.1~86.3	92	87.5	72.4~72.5	58.2	45.9~46

绘制塔式副臂超起组合臂架系统中偏心调整架撑杆张开角度 θ_1 与超起装置撑杆张开角度 α_1 的相互关系的等值线图，如图 8.14 所示。图中显示的等值线图的变化趋势与图 8.5 显示的基本一致，即塔式副臂超起组合臂架系统中偏心调整

架撑杆张开角度 θ_1 与超起装置撑杆张开角度 α_1 的相互关系与固定副臂超起组合臂架系统中的基本一致。图中深色区域代表塔式副臂超起组合臂架系统达到最佳稳定性时 θ_1 与 α_1 的最佳组合范围。

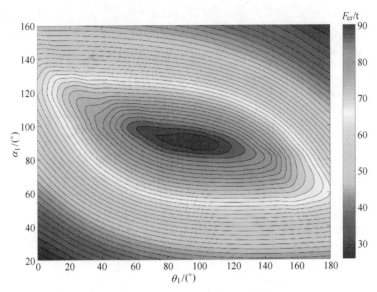

图 8.14　θ_1 与 α_1 的相互关系的等值线图

绘制 θ_1 与 α_1 的相互关系的 3D 图，如图 8.15 所示。

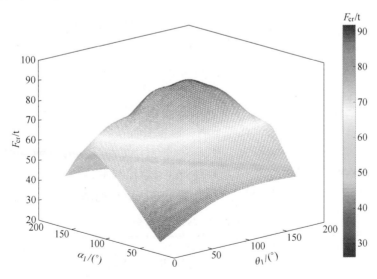

图 8.15　θ_1 与 α_1 的相互关系的 3D 图

8.2.4　偏心调整架撑杆变幅角度 θ_2 与超起装置撑杆变幅角度 α_2 的关系

　　为了分析塔式副臂超起组合臂架系统中偏心调整架撑杆变幅角度 θ_2 与超起装置撑杆变幅角度 α_2 之间的关系，保持其余四个参数不变，具体数据如下：$L_0 = 5\mathrm{m}$，$\theta_1 = 80°$，$L_1 = 10.95\mathrm{m}$，$\alpha_1 = 90°$。改变 α_2，得到不同 α_2 条件下 θ_2 对塔式副臂超起组合臂架系统整体稳定性的影响曲线，如图 8.16 所示。

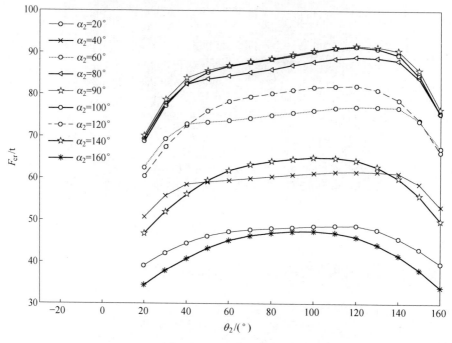

图 8.16　θ_2 的影响曲线

　　由图 8.16 可以看出，超起撑杆变幅角度 α_2 在 [20°，140°] 之间取值时，关于 θ_2 的影响曲线在中间段变化较平缓，即偏心调整架撑杆变幅角度 θ_2 对组合臂架系统的整体稳定性影响不大。将图 8.16 中各条曲线的峰值列在表 8.6 中，由表 8.6 可以看出，不论 α_2 取值为多少，θ_2 的取值基本稳定在 120°。且当 $\alpha_2 = 90°$，$\theta_2 = 120°$ 时，塔式副臂超起组合臂架系统的临界屈曲吊载最大，为 91.7t。

表 8.6　θ_2 与 α_2 的组合

α_2 /(°)	20	40	60	80	90	100	120	140	160
θ_2 /(°)	100~120	120	120	120	120	120	120	100	100
F_{cr} /t	48.5~48.6	61.6	77.1	89	91.7	91.5	82.1	65	47.3

绘制塔式副臂超起组合臂架系统中偏心调整架撑杆张开角度 θ_2 与超起装置撑杆张开角度 α_2 的相互关系的等值线图，如图 8.17 所示。从图 8.17 可以看出，深色区域呈水平状，且在 $\alpha_2 = 90°$ 附近，即塔式副臂超起工况下，超起装置撑杆与主臂夹角近似呈直角时，组合臂架系统的稳定性最好，图中深色区域代表塔式副臂超起组合臂架系统达到最佳稳定性时 θ_2 与 α_2 的最佳组合范围。

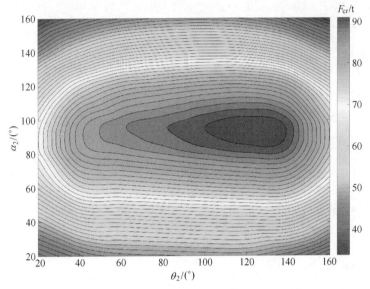

图 8.17　α_2 与 θ_2 的相互关系的等值线图

绘制 θ_2 与 α_2 的相互关系的 3D 图，如图 8.18 所示。

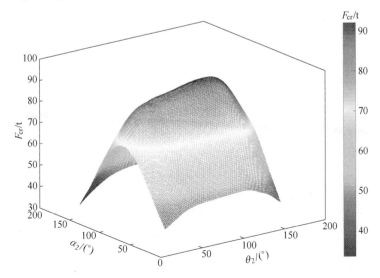

图 8.18　α_2 与 θ_2 的相互关系的 3D 图

　　本章以组合臂架系统的整体稳定性为判断依据，分析了固定副臂超起组合臂架系统与塔式副臂超起组合臂架系统中偏心调整架与超起装置的撑杆长度、张开角度以及变幅角度之间关系。综合分析结果可以得出：对于固定副臂超起组合臂架系统，选定工况：主臂长 78.6m，主臂仰角为 83°，副臂 14m，副臂与主臂夹角为 0°，超起装置与偏心调整架的最佳组合为：$\alpha_1 = 90°$，$\alpha_2 = 90°$，$L_1 = 15\text{m}$，$\theta_1 = 80°$，$\theta_2 = 80° \sim 100°$，$L_0 = 6\text{m}$；对于塔式副臂超起组合臂架系统，选定工况：主臂长 78.6m，主臂仰角为 83°，副臂 21m，副臂仰角为 48.4°，超起装置与偏心调整架的最佳组合为：$\alpha_1 = 90°$，$\alpha_2 = 90°$，$L_1 = 16\text{m}$，$\theta_1 = 100°$，$\theta_2 = 120°$，$L_0 = 6\text{m}$。两者的共同点是超起撑杆与主臂垂直布置，且超起撑杆张开角度为 90°。

9 箱形伸缩臂滑块处局部稳定性研究

9.1 伸缩臂局部稳定性与接触问题研究现状

9.1.1 伸缩臂局部稳定性研究现状

随着作业幅度、提升高度、起升重量的不断增加，全地面起重机臂架系统的等效长细比不断增大，臂架稳定性问题成为制约起重机起重能力的决定性因素，国内外有关起重机稳定性的研究从未停止过。

对伸缩臂稳定性的研究人们往往从整体稳定性出发，把臂架系统当做一个压弯构件，对伸缩臂进行屈曲分析[55]；而局部失稳的研究对象是伸缩臂的翼缘板、上腹板等的局部出现大变形，继而导致相邻结构件的受力状况被打破，局部失稳效应蔓延，导致结构不能继续承载[56]。对伸缩臂局部稳定性的研究较为少见。滑块作为搭接伸缩臂的重要部件，国内外对伸缩臂与滑块搭接的局部稳定性和应力分布做了很多研究[56]。

早在20世纪80年代，西南交通大学的柳葆生、王金诺等学者介绍了伸缩臂与滑块搭接处应力计算的解析法，并用足尺静力破坏实验进行了验证[60,61]。孙在鲁等人则是用解析法分析了不同截面伸缩臂腹板局部稳定性，并在伸缩臂模型上进行了验证[62~64]。

以上研究者给出了矩形截面伸缩臂的腹板稳定性计算的屈曲系数的计算方法和伸缩臂滑块处盖板或腹板局部应力计算的解析算法，但是这些方法极度复杂，并不被一般的设计人员所掌握且很难推广到其他截面形式的伸缩臂，如U形、椭圆形截面。

近些年来，随着有限元分析技术的成熟，越来越多的学者使用有限元软件对伸缩臂和滑块进行有限元分析、优化。

纪爱敏[65]用节点自由度耦合的方法来模拟伸缩臂与滑块的搭接作用来获得伸缩臂的应力分布，并与解析法进行了对比。文献[66,67]忽略了滑块与伸缩臂的搭接作用，将滑块的作用简化为接触面的法向约束对伸缩臂的局部稳定性进行了计算分析；齐成、屈福政[68]提供了一种用加权平均算法计算等效板厚来求解伸缩臂局部稳定性。以上研究者都考虑了滑块的约束作用，但都把滑块与伸缩臂进行了耦合，与实际情况并不符合。

大连理工大学和西南交通大学等研究机构对伸缩臂的形状[69]、位置、尺寸[70]、接触参数[71]、参数优化[72]、敏感性[73]等问题进行有限元分析并做相关实验。以上研究者很好的模拟了伸缩臂与滑块搭接的实际接触情况，但都只针对矩形和 U 形的截面形式，很难形成对比，且对椭圆形截面伸缩臂这一新型截面的滑块接触非线性缺少研究。

9.1.2 接触问题的研究与发展

接触问题是一种高度非线性的应力集中问题，还涉及到弹性接触，摩擦接触，材料非线性，几何非线性，边界非线性等问题。同时，由于工程问题中结构和工作环境的影响，使得研究接触问题变得异常困难。

最早对接触问题进行系统研究的是德国的 H. Hertz，提出了经典的 Hertz 弹性接触理论并在 1882 年发表了《弹性接触问题》一书。之后通过众多学者的不断努力，逐渐发展和完善。之后经历了一个多世纪的探索和发展，接触力学逐渐由二维转变为三维，由静力学接触到摩擦接触，由平面接触到曲面接触，并拓展到各项异性，动力碰撞接触等领域，至今仍在不断向前探索和发展。目前，分析接触问题的数值方法大致可分为两类：经典接触力学和非经典接力学[75]，经典接触力学通常采用函数法进行求解，能得到封闭的解析解，但有其局限性，仅限于简单形状的物体（圆柱、平板），能解决的工程实际问题有限[76,77]；非经典接触力学在求解复杂接触问题时更加有效，非经典接触力学得到的是数值解，通过数值反映工程接触中的规律。非经典接触力学研究的数值方法有：边界元法和有限元法。

边界元法是在积分方程基础上借鉴有限元法的离散技术，提出的边界积分方程的数值解法。边界元法对于求解应力集中问题和区域边界的位移、应力等方面更为有效，得到的数值解也更为有效[78]。有限元法是解决复杂工程问题弹塑性接触问题的一种最主要的方法，主要可分为直接迭代法、接触约束算法和数学规划法[79]。

直接迭代法是一种"试验误差"的计算方法，概念清楚，实施方便，但计算工作量较大，而且不能保证迭代一定收敛。接触约束法主要是利用罚函数方法或 Lagrange 乘子法的数学模型将接触条件等效为可以进行理论计算的无约束问题求解。数学规划法是一种非迭代类的计算方法，有着收敛快、稳定、计算工作量较小的优点。其基本原理是利用互补条件、非穿透条件等归纳为二次规划问题求解。

从已知的研究成果来看，上述方法只能用于解决简单形状的弹性接触问题，对于较为复杂的接触非线性问题，提出了用有限元方法来解决，并且取得令人满意的研究成果。

在国内,李学文等把二维接触物体推广到更为复杂的三维接触情况,提出了直接求解非光滑接触面的接触算法[80];陈万吉等以三维接触物体为研究对象,回顾了摩擦接触问题的三种有限元解法,并对摩擦接触问题进行总结并验证了该计算方法的精度和收敛性[81];董玉文等研究了采用扩展有限元分析接触摩擦问题的方法,对有限元法进行推广,并总结了该方法在分析接触摩擦问题及压剪裂纹的开裂扩展时的显著优势[82];东北大学的孟晓辰用 ANSYS 建立了"固-隙-固"的有限元模型并考虑摩擦因数的影响对曲面进行接触分析[83]。

虽然关于接触问题的研究很多,但大都针对某一特定接触条件下的物体,(如齿轮接触问题、轮轨接触问题)。从目前公开发表的研究情况来看,对于伸缩臂和滑块面-面接触问题的研究比较少见,而对于曲面接触的伸缩臂与滑块接触问题的研究就更为少见。

9.1.3 伸缩臂局部稳定性研究背景及意义

伸缩臂作为起重机的重要组成部分,随着起重机的越来越大型化,伸缩臂架承受的载荷也越来越大,伸缩臂滑块作为一个小部件,在伸缩臂的伸缩过程中起导向,传递载荷的作用,在起重机工作时,又靠滑块传力。滑块以一个小部件传递大载荷,在滑接触区域里应力十分复杂,极易发生应力集中现象,从而影响伸缩臂局部稳定性。所以研究伸缩臂滑块的参数变化及分布位置对起重机局部稳定性的影响很有必要。

前人在提高臂架的整体使用性能方面的研究,大多是从截面形状或尺寸优化、臂架的整体稳定性和板壳的局部稳定性等方面入手[84~89],对箱型伸缩臂滑块作用处研究较少,以往在研究箱型伸缩臂的时候都对此进行线性处理,如以耦合节点自由度的线性处理方式来代替箱型伸缩臂与滑块之间存在的接触作用,而实际情况中滑块与伸缩臂的接触则是高度非线性的,可见用节点自由度耦合的方法研究滑块的接触作用并不合理。近年来对不同截面的伸缩臂滑块接触问题进行了研究,但都只针对单一截面,而对椭圆形截面的滑块接触问题的研究还未见到。

滑块与伸缩臂的接触问题涉及到几何非线性、材料非线性、接触非线性等多种问题,所以很难建立简单的数学模型进行计算。目前,工程实际中,设计人员往往根据设计经验来确定滑块的长度、宽度、厚度以及支撑位置。本章则是借助 ANSYS 软件分析滑块各个参数变化对臂架局部稳定性的影响,以获取其最佳参数组合,从而为设计人员提供参考。

9.2 伸缩臂局部应力计算方法

箱形伸缩臂架的计算必须满足强度、导向滑块附近处的局部强度、刚度、整体稳定性和板的局部稳定性的要求。箱型伸缩臂应照最小幅度吊起最大起重量的工况进行计算，根据起重机设计规范，吊臂的承载能力有富裕，不必验算。

建立矩形截面伸缩臂与滑块接触的部分力学模型，探讨解析法求解伸缩臂局部稳定性的分析步骤。但本章建立的数学模型比较简单，按两边简支无限长板来处理伸缩臂腹板与翼缘板的约束作用，而实际情况中腹板和翼缘板是相互约束的弹性约束作用，显然按两边简支无限长板分析过于简单且偏安全。而且随着起重机伸缩臂的发展，U 形截面和椭圆形截面的应用越来越多，而这两种截面形式的滑块与伸缩臂的接触并不是简单的平面接触，而是更为复杂的曲面接触，在实际情况中，伸缩臂与滑块之间又往往会存在间隙，因此，伸缩臂与滑块的接触分析并不能用简单的数学模型表达出来。ANSYS 的应用使得研究伸缩臂与滑块的接触非线性成为了可能。

9.2.1 箱形伸缩臂载荷计算

汽车起重机的起重量是随幅度而变化的，不同的起升幅度可对应不同的起重量：在小幅度时，臂架的强度决定起吊能力。整体稳定性则决定了大幅度时的起吊能力。因此，箱形伸缩臂的计算可按最小幅度起吊最大起重量的工况计算。本章只针对起重机伸缩臂在变幅平面内的受力进行分析。

吊臂在变幅平面承受的载荷，如图 9.1 所示，其中（a）为载荷图，（b）为受力图。

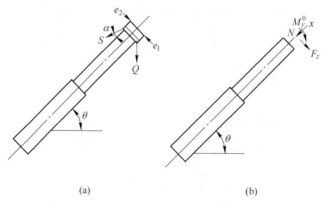

(a)　　　　　　　　　　　　(b)

图 9.1　变幅平面伸缩臂受力简图

（1）垂直载荷：

$$Q = \varphi_2(Q_0 + G_0) + \frac{1}{3}\varphi_1 G \tag{9.1}$$

式中　Q_0——额定起重量；

　　　G_0——吊钩重力；

　　　φ_1——起升冲击系数；

　　　φ_2——动力系数；

　　　G——吊臂重力。

（2）起升绳拉力：

$$S = \frac{\varphi_2(Q_0 + G_0)}{m\eta} \tag{9.2}$$

式中　m——起升滑轮组倍率；

　　　η——起升滑轮组效率。

由垂直力 Q 和起升绳拉力 S 对吊臂轴线偏心引起的臂端初始弯矩：

$$M_y^0 = \varphi_2(Q_0 + G_0)\sin\theta \cdot e_1 - S\cos\alpha \cdot e_2 \tag{9.3}$$

式中　e_1——端部导向轮与臂架轴线之间的距离；

　　　e_2——端部定滑轮与臂架轴线之间的距离。

伸缩臂在变幅平面内承受的外力：

轴向力：

$$N = S\cos\alpha + Q\sin\theta \tag{9.4}$$

横向力：

$$F_Z = Q\cos\theta - S\sin\alpha \tag{9.5}$$

式中　θ——臂架仰角；

　　　α——起升绳与臂架轴线夹角。

伸缩臂架是一个细长的压弯构件，在臂架承受在载荷时，臂架会有较大弯曲，伸缩臂架承受轴向力和横向力的作用，其中伸缩油缸或臂销会承受大部分的轴向力，由于伸缩臂上滑块的摩擦，伸缩臂架也会承受一定的轴向力，因此偏安全的认为伸缩臂架会承受由横向力和轴向力引起的全部弯矩，而这些弯矩由于滑块的接触作用和伸缩臂各节臂截面面积的不同，作用在各节臂上大小会有较大差异。

9.2.2　箱形伸缩臂搭接处理论计算

在对箱形伸缩臂的设计时，往往采用理论计算和有限元分析相结合，本篇论文只考虑变幅平面内滑块对伸缩臂局部稳定性的影响分析，所以只校核变幅平面内伸缩臂强度和局部稳定性。

9.2.2.1　导向滑块所受支撑力

臂架搭接处滑块承受有臂端传来的弯矩和横向力所引起的支撑力[90]。在臂架搭接处靠紧外节臂端部的一对滑块受力最大，该截面的弯矩为 $M_x(z)$，横向力 P_y，则两滑块支撑力为：

$$2F = \frac{M_x(z)}{l} + P_y \tag{9.6}$$

式中　l ——臂架搭接处前后滑块沿臂长的间距。

臂架的轴向力主要由伸缩油缸承担，截面弯矩和摩擦引起的轴向力可忽略不计。

9.2.2.2 翼缘板的局部弯曲应力

由于滑块在伸缩臂上的承载作用，会使得滑块承受较大的集中力，而与之紧密接触的伸缩臂翼缘板上会产生局部弯曲应力。滑块附近局部弯曲应力计算比较复杂，并没有准确的求解公式，目前采用薄板弯曲的解析解乘以修正系数求得。

翼缘板（或腹板）可视为两边简支无限长的薄板，受集中力 N_h 作用。

薄板局部弯曲弯矩的计算式：

$$M_z = \frac{F}{8\pi}(1+\mu)\ln\frac{\cosh\frac{\pi x}{b} - \cos\frac{\pi(y+\xi)}{b}}{\cosh\frac{\pi x}{b} - \cos\frac{\pi(y-\xi)}{b}} + \frac{N_h}{8b}(1-\mu)x \times$$

$$\sinh\frac{\pi x}{b}\left[\frac{1}{\cosh\frac{\pi x}{b} - \cos\frac{\pi(y+\xi)}{b}} - \frac{1}{\cosh\frac{\pi x}{b} - \cos\frac{\pi(y-\xi)}{b}}\right] \tag{9.7}$$

$$M_y = \frac{F}{8\pi}(1+\mu)\ln\frac{\cosh\frac{\pi x}{b} - \cos\frac{\pi(y+\xi)}{b}}{\cosh\frac{\pi x}{b} - \cos\frac{\pi(y-\xi)}{b}} - \frac{N_h}{8b}(1-\mu)x \times$$

$$\sinh\frac{\pi x}{b}\left[\frac{1}{\cosh\frac{\pi x}{b} - \cos\frac{\pi(y+\xi)}{b}} - \frac{1}{\cosh\frac{\pi x}{b} - \cos\frac{\pi(y-\xi)}{b}}\right] \tag{9.8}$$

$$(x,\ y) \neq (0,\ \xi)$$

当 $x=0$ 时，弯矩 M_z 及 M_y 值最大，即：

$$M_z = M_y = \frac{F}{8\pi}(1+\mu)\ln\frac{\cosh\frac{\pi x}{b} - \cos\frac{\pi(y+\xi)}{b}}{\cosh\frac{\pi x}{b} - \cos\frac{\pi(y-\xi)}{b}} \quad (y \neq \xi) \tag{9.9}$$

矩形截面伸缩臂滑块一般都采用两块滑块对称分布，仅考虑 N_h 力作用在上方点时的弯矩用式（9.9）；仅考虑 F 力作用在下方点时的弯矩，将式（9.9）中 b 用 $(b-\xi)$ 代换；将前述两式相加，即可得到上、下点都作用 F 力时的弯矩方程。

$$M_z = M_y = \frac{F}{8\pi}(1+\mu)\ln\left[\frac{1-\cos\dfrac{\pi(y+\xi)}{b}}{1-\cos\dfrac{\pi(y-\xi)}{b}}\times\frac{1-\cos\dfrac{\pi(y-\xi)}{b}}{1-\cos\dfrac{\pi(y+\xi)}{b}}\right] \quad (y\neq\xi)$$

(9.10)

按两边简支无限长板计算伸缩臂局部弯曲应力与实际情况还是有一定区别的，伸缩臂翼缘板（或腹板）相互存在一定的弹性约束，而不是简单的简支或固支，而滑块对伸缩臂的压力并非均匀分布。因此伸缩臂的实际局部弯曲应力，较理论计算值小，需根据实际测试加以修正。

翼缘板（或腹板）滑块附近的局部弯曲应力按如下公式计算：

$$\sigma_{xj} = \sigma_{yj} = k\,\frac{3F}{4\pi\delta^2}(1+\mu)\ln\left[\frac{1-\cos\dfrac{\pi(y+\xi)}{b}}{1-\cos\dfrac{\pi(y-\xi)}{b}}\times\frac{1+\cos\dfrac{\pi(y-\xi)}{b}}{1+\cos\dfrac{\pi(y+\xi)}{b}}\right] \quad (y\neq\xi)$$

(9.11)

式中　F ——滑块支撑力；

　　　μ ——泊松比，一般取 $\mu = 0.3$；

　　　δ ——翼缘板厚度；

　　　ξ ——滑块中点的位置；

　　　b ——两腹板板厚中心线间距；

　　　k ——修正系数，用以考虑理论计算与实际的差异；

　　　y ——计算点的位置。

滑块附近翼缘板的强度验算。滑块附近受有整体弯曲和局部弯曲应力的联合作用，按下式验算：

$$\sigma = \sqrt{(\sigma_z+\sigma_{zj})^2+\sigma_{zj}^2-(\sigma_z+\sigma_{zj})\sigma_{xj}+3\tau^2} \leqslant [\sigma] \qquad (9.12)$$

式中　σ_z ——滑块附近翼缘板计算点 z 方向的整体弯曲应力；

$\sigma_{zj},\ \sigma_{xj}$ ——滑块附近翼缘板计算的局部弯曲应力；

　　　τ ——滑块附近翼缘板计算点的切应力；

　　$[\sigma]$ ——钢材的许用应力。

9.2.3　伸缩臂架局部稳定性校核

为了减轻伸缩臂吊臂自重，提高整机工作性能，臂架多采用高强度的结构钢焊接而成，通常将翼缘板和腹板的厚度取的很薄。所以在吊臂承受载荷是，有可能在吊臂的某个部位因为承受较大的局部应力而发生大变形，继而导致相邻结构件的受力状况被打破，局部失稳效应蔓延，导致结构不能继续承载，产生不可挽回的严重后果。因此必须对翼缘板和腹板的局部稳定性进行校核。

对于箱形伸缩臂翼缘板和腹板在计算时通常都当做两边简支的无限长板来看待，而实际情况中腹板和翼缘板都是弹性体，他们之间的相互约束是弹性约束，按照简支分析比较简单且偏于安全。

箱形伸缩臂的翼缘板和腹板除受滑块传递的弯曲应力和剪切应力作用外，翼缘板在滑块处还会产生局部挤压应力，因此，在验算伸缩臂局部稳定性时，应该按照复合应力情况进行验证。

复合临界应力计算公式如下所示：

$$\sigma_{i,c,r} = \frac{\sqrt{\sigma_1^2 + \sigma_m^2 - \sigma_1\sigma_m + 3\tau^2}}{\dfrac{1+\psi}{4}\left(\dfrac{\sigma_1}{\sigma_{1cr}}\right) + \sqrt{\left[\dfrac{3-\psi}{4}\left(\dfrac{\sigma_1}{\sigma_{1cr}}\right) + \dfrac{\sigma_m}{\sigma_{mcr}}\right]^2 + \left(\dfrac{\tau}{\tau_{cr}}\right)^2}} \tag{9.13}$$

式中　　ψ——计算区域中央截面上弯曲应力之比，$\psi = \sigma_2/\sigma_1$；

σ_1，σ_m，τ——计算区域中央截面的最大弯曲应力、局部挤压应力和平均剪切应力；

σ_{1cr}，σ_{mcr}，τ_{cr}——σ_1、σ_m、τ 单独作用时相应的临界应力。

式（9.13）所述的复合临界应力是由弹性稳定性理论导出的，当他超过比例极限时就称为弹塑稳定性。在计算时通常把箱形梁当做轴心受压杆处理，因此，板的弹性复合临界应力 $\sigma_{i,cr}$ 超过材料比例极限 σ_p（取 $0.75\sigma_s$ ）时，复合临界应力可按照式（9.11）进行修正：

$$\sigma_{cr} = \sigma\left(1 - \frac{\sigma_s}{5.3\sigma_{i,cr}}\right) \tag{9.14}$$

式中　　σ——钢材的屈服点。

板的局部稳定性许用应力按以下两式计算：

当 $\sigma_{i,cr} \leqslant 0.75\sigma_s$ 时，　　　　　$[\sigma_{cr}] = \dfrac{\sigma_{i,cr}}{n}$ 　　　　　　　　　　(9.15)

当 $\sigma_{i,cr} > 0.75\sigma_s$ 时，　　　　　$[\sigma_{cr}] = \dfrac{\sigma_{cr}}{n}$ 　　　　　　　　　　(9.16)

式中　　n——安全系数，根据设计规范选取。

计算区域的局部稳定性按下式验算：

$$\sigma_r = \sqrt{\sigma_1^2 + \sigma_m^2 - \sigma_1\sigma_m + 3\tau^2} \leqslant [\sigma_{cr}] \tag{9.17}$$

式中　　σ_r——复合应力。

9.2.4 伸缩臂局部稳定计算分析

伸缩臂局部稳定性计算时导向滑块对翼缘板的作用简图如图 9.2 所示。

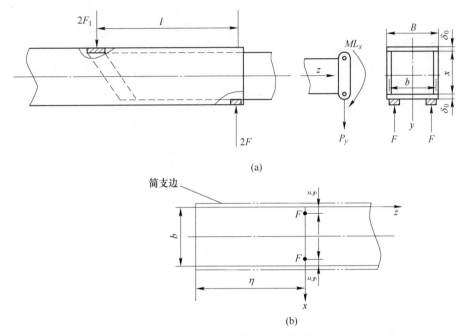

图 9.2 导向滑块对翼缘板的作用简图

滑块附近局部弯曲应力相当复杂，在式（9.11）中做两边简支无限长板处理的伸缩臂下翼缘板滑块附近的局部弯曲应力计算结果存在以下问题：

（1）由于伸缩臂翼缘板和滑块弹性模量不同，引起的变形情况不确定；

（2）翼缘板在滑块处产生局部的挤压应力；

（3）翼缘板与腹板存在介于简支和固支之间的弹性约束，因此由于腹板的弹性约束作用，翼缘板相应的边缘会产生分布不均的约束弯矩，而上述计算只是按滑块均布载荷和两边简支的无限长板计算，尚不能考虑这些因素，致使计算结果不准确。

式（9.13）考虑同时受压应力、局部压应力和切应力作用的板块计算局部稳定性时，复合临界应力同样是按照四边简支的边界条件来计算，σ_1、σ_m、τ 均取计算区域中央截面的应力值偏于理想化，与实际有较大差距。

9.3 伸缩臂有限元模型的建立

结合某 50t 汽车起重机对伸缩臂及滑块建立合理简化的有限元模型，设置合适的单元类型、网格划分、边界条件和接触参数等，并分析研究接触参数的设置对计算结果的影响。根据本篇论文的分析要求，建立矩形、U 形、椭圆形三种截面形式的伸缩臂和滑块的有限元模型。

9.3.1　伸缩臂模型简化及搭建

本章直接用 ANSYS 命令流建立合理的模型，运用命令流建模并分析可以提高计算效率，减少参数变化带来的重复劳动。建立的伸缩臂模型具体截面形式及截面参数（以 U 形截面为例），如图 9.3 所示。

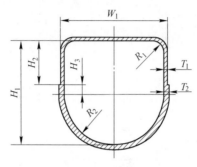

图 9.3　主臂截面

主臂各截面参数如表 9.1 所示。

表 9.1　伸缩臂及滑块材料属性　　　　　　　　　　（mm）

参数	W_1	H_1	H_2	H_3	R_1	R_2	T_1	T_2
基本臂	634	762	353	98	155	309	8	10
二节臂	580	716	334	88	130	284	8	6

椭圆形截面和矩形截面伸缩臂尺寸与 U 形截面相同，只是椭圆形截面上腹板（H_2）采用斜板结构与上翼缘板（W_1）的夹角为 100°。

为了节省计算机资源，提高网格质量及计算效率，在建模时需要对模型进行如下简化：

（1）忽略伸缩臂上较小的细节，如臂销孔、安装滑块的螺纹孔等并不影响整体强度的细部特征。

（2）由于伸缩臂是由钢板焊接而成，本章研究重点为滑块接触的应力分析，故建模时不考虑焊缝的存在。

（3）略去变幅油缸铰接点和吊臂上转台铰接处的加强肋。因为这些细小的单元不仅会增加建模的难度，也会增加网格数量，甚至会出现许多失效单元，增加收敛难度。

建立伸缩臂及滑块几何模型,图9.4(a)所示为U形截面伸缩臂截面及滑块布置位置;图9.4(b)所示为U形截面伸缩臂模型。

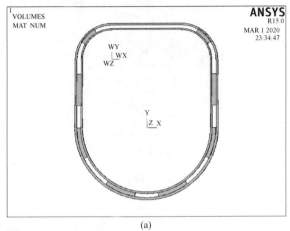

(a)

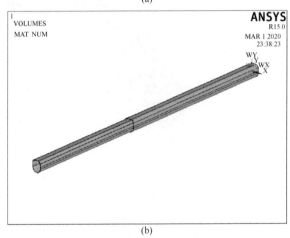

(b)

图9.4　U形截面伸缩臂及滑块模型

对模型进行适当简化后,在有限元模型中建立两伸缩臂的模型,建立伸缩臂上相应位置的滑块模型。为防止施加集中载荷而造成的应力集中现象,进而影响模型的收敛性,刚性区域为靠近臂头端部建立了200mm的刚性区域,并对刚性区域设置单独的LINK180单元,再在刚性区域施加均布载荷和弯矩。刚性区域上网格划分情况如图9.5所示。

在提取ANSYS分析结果时,由于刚性区域也参与计算,所以显示计算应力过大,如图9.6所示,刚性区域出现应力集中现象,最大应力远远超出了钢材许用应力,使得伸缩臂上应力云图分布不明显,需要先关闭LINK180单元,然后再查看应力变化。刚性区域的选取并不影响应力分析结果。

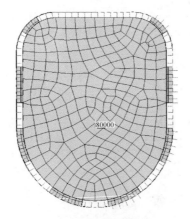

图 9.5　刚性区域

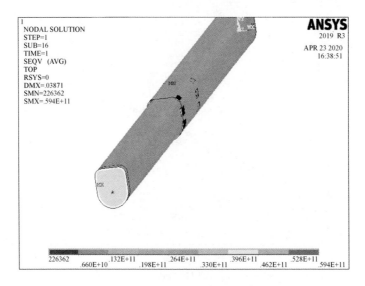

图 9.6　有刚性区域应力分布

9.3.2　网格划分

9.3.2.1　单元选取

本章主要用到的单元有 SHELL181 和 SOLID45 单元等。

吊臂采用 SHELL181 单元，SHELL181 适用于薄到中等厚度的壳结构。建模时只需定义单元厚度，网格划分只对 SHELL181 单元表面进行划分，极大地减少了网格数量。该单元有四个节点，单元每个节点有 6 个自由度，分别为沿节点 x，y，z 方向的平动及绕节点 x，y，z 轴的转动，Shell 181 单元具有应力刚化及大变形功能，该单元还具有强大的非线性功能，并有截面数据定义、分析、可视化等功能，还能定义复合材料多层壳。

上下滑块均采用 SOLID45 单元，SOLID45 能完整的模拟三维实体结构，单元通过 8 个节点来定义，每个节点有 3 个沿着向 x，y，z 方向平移的自由度。采用 SOLID45 单元划分的网格能计算出模型内每个节点的应力，具有塑性，蠕变，膨胀，应力强化，大变形和大应变能力。但 SOLID45 单元会占用较大的计算空间，不适宜用于较大模型的模拟。

接触单元采用 TARGE170 表示目标面，用 CONTA174 接触面。

9.3.2.2 材料设置

ANSYS 进行材料库中提供了丰富的材料模型，研究者可直接从材料库中调用，另一方面研究者也可自行定义所需相关材料属性，本章用命令流直接设定了材料参数。常用的滑块材料为 MC 尼龙滑块，伸缩臂主臂材料采用 Q960 钢，材料参数如表 9.2 所示。

表 9.2 伸缩臂及滑块材料属性

参 数	材 料	密度/kg·m^{-3}	泊松比	弹性模量/Pa
伸缩臂	Q960	7850	0.3	$2.06×10^{11}$
滑块	MC 尼龙	1140	0.4	$3.92×10^{9}$

9.3.2.3 网格形状及尺寸

在 ANSYS 有限元接触分析中，网格划分的好坏有两个最重要的影响因数：网格尺寸和形状。

网格尺寸决定了模型网格数量的多少，将影响 ANSYS 计算的精度和计算规模的大小。在有限元接触分析中，网格尺寸越小代表网格划分越细，越细的网格得到的计算结果越精确，但网格数量过多会导致计算时间较长，占用较大的计算资源，因此在划分网格时需要结合模型具体分析，对计算要求较高的模型特征细化网格，对于计算结果影响不大的模型特征需要适当增大网格尺寸以减小网格数量。

网格形状则代表了网格质量，质量好坏将影响计算精度。划分网格时在重点的研究部位，应该充分保证划分网格的质量，保证每个细小特征都能划分合适的网格，如果网格质量较差，会直接影响计算结果，即使是十分细小的模型结构上网格划分不准确，也会使得计算结果不连续而引起很大的局部误差，甚至导致结果不收敛。在结构次要部位网格质量可相应降低，但不允许出现质量很差的畸形网格，当模型出现畸形网格时，ANSYS 会发出警告，畸形网格的形成往往是由于设计人员忽略了一些细小的模型结构，而使网格不能更好的过度。

本章中伸缩臂的基本臂长度为 10024mm、二节臂长度为 9621mm。根据伸缩臂滑块和截面形状，滑块的网格大小为 30mm。

　　研究的伸缩臂和滑块模型都是比较规则的形状，所以对伸缩臂 SHELL181 单元用四边形网格，滑块 SOLID45 单元用六面体网格；在进行 ANSYS 接触分析，尤其是曲面接触分析时，伸缩臂下翼缘板为大圆弧，网格用四边形单元划分，不可避免的会在接触区形成一定的间隙，这个间隙的存在会影响计算精度，这是大部分设计者都会忽略的情况，因此在对伸缩臂进行网格划分时，不能一视同仁，因而 U 形截面伸缩臂和椭圆形截面伸缩臂上的网格划分应该更为细致，而这个间隙不可避免，只能通过细化网格来缩小。

　　综上所述，设定的四边形网格长度为 300mm，宽度为 10mm，如图 9.7 所示；六面体网格边长为 10mm。

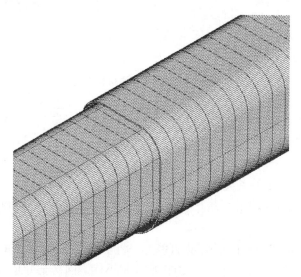

图 9.7　伸缩臂网格局部放大

9.3.3　载荷及边界条件

　　为了方便研究滑块接触区应力在载荷作用下的变化规律，只考虑伸缩臂常规载荷中在变幅平面内的吊重。在二节臂臂头建立了刚性节点，在刚性节点上施加臂头载荷和弯矩。

　　有对伸缩臂限元模型的处理中，约束基本臂臂尾部主节点 U_x、U_y、U_z 移动自由度和 ROTY、ROTZ，ROTX 旋转自由度；二节臂上通过上、下滑块与伸缩臂的接触对实现对二节臂的约束，仅放开了变幅平面的位移（U_y）和旋转自由度（ROTZ）。相比数学模型，ANSYS 建立的实体的有限元模型，在边界条件的控制上更加方便、简单。

9.3.4 接触界面定义

9.3.4.1 接触单元选取

ANSYS 支持三种接触方式：点-点、点-面、平面-面，从接触方式很容易划分接触类型，每种接触类型使用的接触单元有所不同，在建模时首先需要知道哪些部分相互接触，并设置相应的接触单元，因为 ANSYS 计算时模型并不参与计算，而是附着在模型上的单元进行计算，有限元通过识别接触单元来选择接触类型，因此选取合适的接触单元是进行接触分析的基础。

A 点-点接触单元

点-点接触单元主要用于模拟点-点的接触行为，由于点-点接触在模型中可能存在无数个，为了使用点-点的接触单元，需要预先知道接触位置，这类接触问题比较少见，只能通过两个面上的对应结点控制。点-点接触行为不允许有相对滑动，如果两个面相对静止则可以用点-点接触单元求解面-面接触问题。

B 点-面接触单元

点-面接触单元主要用于给点-面的接触行为建模，也可以理解为线-面接触行为，是通过一组结点来定义接触面。使用这类接触单元，与点-点接触不同，不需要预先知道确切的接触位置，接触面之间也不需要保持一致的网格，并且允许有大的变形和大的相对滑动。

C 面-面的接触单元

ANSYS 支持刚体-柔体的面-面的接触单元，刚性面被当作目标面分别用 Targe169 和 Targe170 来模拟 2-D 和 3-D 的目标面，柔性体的表面被当作接触面用 Conta171，Conta172，Conta173，Conta174 来模拟。面-面接触单元，通过接触对来识别，ASNYS 可以给目标单元和接触单元定义相同的实常数，通过识别实常数确定一个接触对，所以 ANSYS 可以对多个面相互接触的模型进行有限元分析。与点-面接触单元相比面-面接触单元有以下几项优点：

（1）支持低阶和高阶单元；

（2）更接近工程实例，如可引入法向应力和摩擦应力；

（3）允许有摩擦和大滑动的大变形；

（4）可建立更加完整的模型，且具有更符合实际的建模控制。

本章主要研究对象为滑块与吊臂，属于面-面接触，并且事先不知道具体的接触区域。

接触问题分为两种基本类型：刚体-柔体的接触、柔体-柔体的接触。在刚体-柔体接触问题中，刚体就是指弹性模量较大的硬材料，弹性模量较小的材料则被看做是柔体，刚体-柔体的接触类型两种接触面的材料硬度有较大的差异。柔体-柔体的接触则是两个接触体都是弹性体，且具有相似的刚度。ANSYS 分析中提供的材料都是弹性体，因此在选择接触类型时，无论其弹性模量为多少，刚度差异较大的都用刚体-柔体接触类型。在涉及到两个边界的接触问题中，很自然把一个边界作为目标面而把另一个作为接触面，对刚体-柔体的接触，目标面总是刚性的，接触面总是柔性面。

本章研究伸缩臂与滑块模型，弹性模量差距很大，可把吊臂当做刚性面，把滑块看做柔性面，而自然的吊臂为目标面用 TARGE170 单元模拟，滑块为接触面用 CONTA174 单元模拟。

9.4.3.2   生成接触单元

在对吊臂和滑块完成建模和网格划分后，就能生成接触单元了，生成接触单元的方法有两种，一种是用 GUI 操作的接触导向，一种是使用 APDL 命令流。

使用接触导向建立接触单元比较简单，只需按指示操作即可。本章采用命令流建立接触单元，相比 GUI 操作，命令流比较简单，一旦完成命令流的编写，即可生成接触单元，在需要反复计算时，可提高计算效率，不易出错。

APDL 命令流程序如下：

```
REAL, 3
ET, 6, 170              ! 定义接触单元
ET, 7, 174
R, 3,,, 1.0, 0.1, 0,    ! 实常数设置
.....
KEYOPT, 7, 4, 2         ! 接触参数控制
KEYOPT, 7, 5, 0
KEYOPT, 7, 7, 0
! Generate the target surface
NSEL, S,,, T1           ! 选择目标面上所有节点
CM, _ TARGET, NODE
TYPE, 6
ESLN, S, 0             ! 选择节点依附的单元
ESURF                  ! 生成 targe170 单元覆盖在目标面上
! Generate the contact surface
NSEL, S,,, C2          ! 选择目标面上所有节点
CM, _ CONTACT, NODE
TYPE, 7
ESLN, S, 0            ! 选择面上所有单元
ESURF                 ! 生成 conta170 单元覆盖接触面上
ALLSEL
ESEL, ALL
ESEL, S, TYPE,, 6
```

ESEL, A, TYPE,, 7

ESEL, R, REAL,, 3

9.3.4.3 设置接触对参数

在 ANSYS 中模拟接触面的接触单元有丰富的接触选项设置，其中包括接触单元实常数、单元选项和接触属性定义。选择合适的接触参数，对接触非线性的计算收敛性和计算精度有积极的影响。

每种接触单元都有好几个关键字，对大多的接触问题缺省的关键字是合适的，而在某些情况下可能需要改变缺省值来控制接触行为。

在进行参数设置时，需要对一下几个参数进行调整：

（1）接触刚度。所有 ANSYS 接触单元都用罚刚度（接触刚度）来保证接触界面的协调性。接触刚度越大表明单元表面越硬，不容易发生穿透，计算结果越精确。然而接触刚度过大会导致模型接触表面跳开，使得计算时反复迭代，收敛变得异常困难。因此在保证收敛的前提下选择合适的接触刚度尤为重要。选取接触刚度没有计算公式，只能反复试算，不断增大接触刚度如果求解能在合适的时间收敛，证明选取的接触刚度比较合理，本章选取的接触刚度为2.0。

（2）穿透容差。穿透容差（FTOLN）是与接触单元下面的实体单元深度（h）相乘的比例系数。穿透容差是用来控制接触的侵入量，同样也是控制计算收敛的重要因素。同接触刚度相对应，穿透容差值越小越好，但穿透容差值只是调节侵入量的大小，无限减小穿透容差值，对计算精度影响不大，反而会使得计算难以收敛。因此同接触刚度一样在选取穿透容差时也要反复试算。

（3）其他参数设置。模型采用体单元与壳单元的共面来模拟滑块与箱型伸缩臂的固定。壳单元用 SHELL181 单元，接触表面能够移动，用于计算梁或壳的厚度，变形过程中会考虑厚度的变化。由于伸缩臂模型在工作状态中，伸缩臂与滑块几乎不发生相对滑动，其中不考虑摩擦力的影响，时间步长对计算结果影响较小，而较小的时间步长有利于提高计算模型的收敛性，故本模型设定的时间步长为1，保证计算结果的收敛性。其余参数均采用系统默认设置。

9.3.5 ANSYS 接触分析提供的算法

9.3.5.1 罚函数法

罚函数法[91]实际上是将接触非线性问题转化为材料非线性问题，用一个假定的弹簧施加接触协调条件，弹簧刚度或接触刚度称为罚参数，如图 9.8 所示。在设置接触刚度之前，接触物体会相互嵌入，设置接触刚度之后由于弹簧的作用，会阻止接触物体的互相穿透，并在压力减小时弹开。常用的间隙元等方法均属于此类，它们处理简单，编程方便，只是在通常的有限元分析中增加一种单元模式而已。

该弹簧的变形量满足方程：

$$F = \Delta k$$

接触刚度（k）越大，接触表面的侵入越少，然而，若该值太大，会导致收敛困难。

9.3.5.2 拉格朗日乘子法

拉格朗日乘子法[92]实际上是增加一个附加自由度（接触压力）以满足不入侵条件，如图 9.9 所示。拉格朗日乘子法与罚函数法相比可直接求解接触物体的接触力无需进行迭代。针对本章中的伸缩臂与滑块模型来说，由于引进另外一个系数，使得系统计算量变大，而且由于附加自由度的影响，在计算过程中限制了箱型伸缩臂与滑块的相对运动，使得计算过程受到限制。综上所述，该法适合用于采用特殊单元的接触分析。

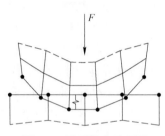

图 9.8   罚函数法示意图

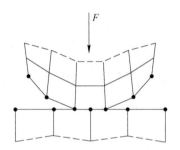

图 9.9   拉格朗日乘子法示意图

9.3.5.3 增广拉格朗日乘子法

由于上述两种方法各具优缺点[93]，因此将二者的优点结合起来施加接触协调条件，从而形成了增广拉格朗日法，如图 9.10 所示。既考虑了许可入侵量又有接触压力，具体方法是采用罚因子，进行接触条件的协调计算，在迭代的开始时，接触协调条件基于惩罚刚度决定，在不断地计算过程中，一旦达到平衡就会检查入侵许可量（穿透容差），如果入侵许可量满足要求，就会增大接触压力继续计算并反复检查，直到计算完成。如果入侵量不满足要求，就会用拉格朗日乘子法引入一个函数用来平衡接触刚度，然后继续对平衡方程进行计算，并重复上述步骤，直到计算完成。增广的拉格朗日算法是为了找到精确的拉格朗日乘子而对罚函数修正项进行反复迭代。拉格朗日方法能够调节接触刚度，又能防止穿透现象。然而，在接触分析中，增广的拉格朗日方法需要不断检查侵入量，会有更多的迭代次数，特别是对变形后的复杂网格，有很好的适应性，能够很好地收敛。综上所述，最终采用该法来进行箱型伸缩臂与滑块的接触分析计算。

分析中 ANSYS 的迭代过程如图 9.11 所示。

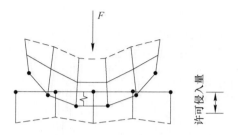

图 9.10 增广拉格朗日乘子法示意图

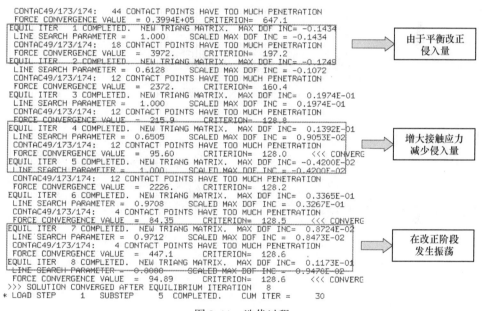

图 9.11 迭代过程

9.4 截面变化对滑块处伸缩臂局部应力的影响

第 8 章已经完成对伸缩臂和滑块模型的搭建，本章选择伸缩臂最具代表的矩形、U 形、椭圆形截面，在 45°和 78.6°工况下分别对伸缩臂进行接触非线性分析，分析截面变化时对伸缩臂及滑块模型的应力分布情况，通过对臂头最大位移，滑块最大应力，臂架最大位移等方面提取结果对比，总结截面对伸缩臂及滑块的影响。图 9.12~图 9.14 分别是矩形截面伸缩臂、U 形截面伸缩臂和椭圆形截面伸缩臂截面尺寸。

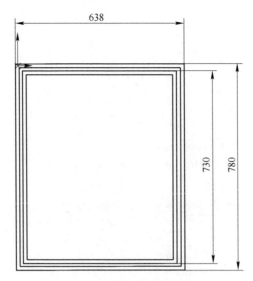

图 9.12 矩形截面伸缩臂截面尺寸

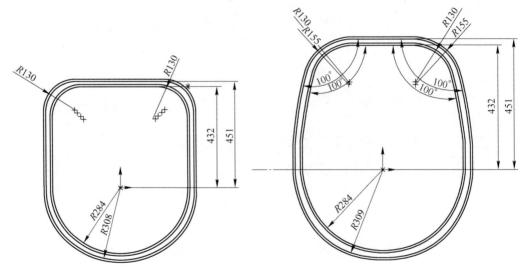

图 9.13 U 形截面伸缩臂截面尺寸   图 9.14 椭圆形截面伸缩臂截面尺寸

各截面面积如表 9.3 所示。

表 9.3 各截面伸缩臂截面积

参 数	矩形截面伸缩臂	U 形截面伸缩臂	椭圆形截面伸缩臂
基本臂截面积/mm²	23676	22105.2	20910.6
二节臂截面积/mm²	16768	15902.2	15195.1

从表9.3可看出，截面外形条件大致相等的情况下，椭圆形截面伸缩臂截面积最小，比矩形截面伸缩臂减小约12%，比U形截面伸缩臂面积减小约6%。以此为例，椭圆形截面伸缩臂仅两节臂就比矩形截面伸缩臂质量减少36520kg，比U形截面伸缩臂减少18306kg，极大减轻了臂架自重。

在进行工况选择时，0°工况的臂架受力更为恶劣，但考虑到工程实际中，很少发生0°工况带载的情况，所以只选取78.16°工况和45°工况进行研究。

9.4.1 矩形截面伸缩臂滑块处局部应力分析

矩形截面伸缩臂作为最早应运于伸缩壁上的截面形式，由于其臂架对制造工艺要求较低，所以广泛应运于各种中小型起重机上。对于矩形截面伸缩臂的局部稳定性研究截至目前无论从解析法，还是运用有限元软件进行分析都较为完善。但是从滑块搭接作用的角度运用ANSYS接触非线性分析还比较少见，本节分析了45°工况和78.16°工况下伸缩臂滑块的接触作用下臂架和滑块应力的分布规律，并得到如下结果。

通过图9.15和图9.16可得到矩形截面伸缩臂局部应力分布的如下结论：

（1）外节箱形伸缩臂头部腹板与下翼缘板连接处由于滑块的挤压，下翼缘板带动腹板发生变形，导致腹板应力较大，如图9.15（a）所示。

（2）下滑块两侧作用处的矩形截面伸缩臂架应力较大，外侧出现应力集中，如图9.15（b）所示。

（3）下翼缘板上应力分布呈现出高低不平的山峰状，靠近腹板的两侧应力分布最大，下翼缘板中间部分应力分布较为均匀，滑块接触处区应力反而较小。

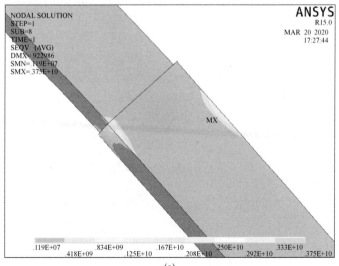

(a)

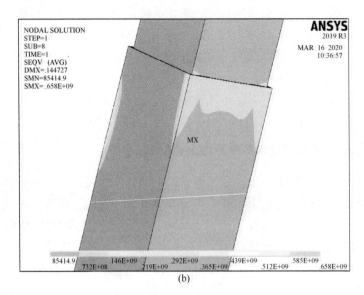

图 9.15　矩形截面伸缩臂应力云图

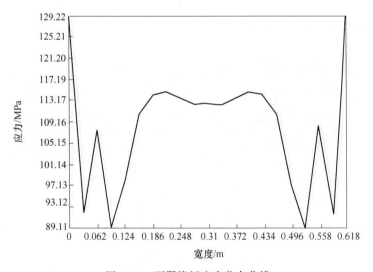

图 9.16　下翼缘板应力分布曲线

　　滑块上应力分布情况如图 9.17 和图 9.18 所示，可得到矩形截面伸缩臂滑块应力的如下结论：

　　（1）伸缩臂滑块上应力分布极不均匀，滑块上的应力大部分分布在很小的区域上，如图 9.17 所示。

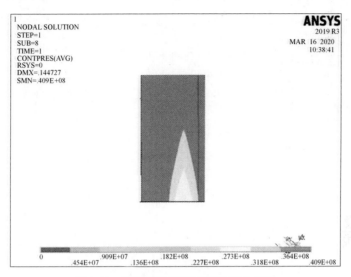

图 9.17 矩形截面伸缩臂滑块应力云图

（2）在滑块长度方向前半部分滑块应力很小，几乎不发生变化，在靠近伸缩臂臂头的后半部分滑块应力急剧增大，如图 9.18（a）所示。

（3）在滑块宽度方向上伸缩臂滑块的应力分布曲线与长度方向大体一致，滑块在靠近腹板处应力增大更加明显，如图 9.18（b）所示。

45°工况和 78.16°工况下，矩形截面伸缩臂上最大位移，臂架最大应力，滑块最大应力如表 9.4 所示。

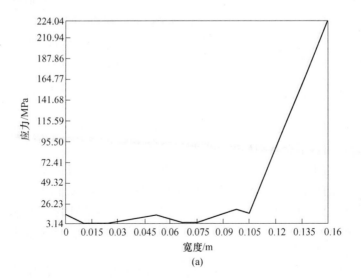

(a)

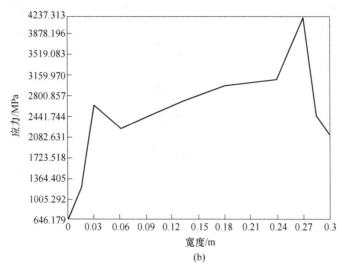

图 9.18　矩形截面伸缩臂滑块应力分布曲线

（a）长度方向；（b）宽度方向

表 9.4　矩形截面两种工况

工况	最大位移/mm	臂架最大应力/MPa	滑块最大应力/MPa
45°	335	658	119
78.16°	144	396	409

由表 9.4 可知，矩形截面伸缩臂 45°工况和 78.16°相比，伸缩臂上应力及位移都发生很大变化。其中伸缩臂最大位移 45°工况比 78.16°工况大 130%；臂架最大位移 45°工况比 78.16°工况大约 66%；滑块最大应力的变化就更加明显，45°工况比 78.16°工况大 160%，可见 45°工况时滑块应力集中现象更为严重。

9.4.2　U 形截面伸缩臂滑块处局部应力分析

U 形截面伸缩臂是由多边形截面发展而来的下半部分为半圆弧结构的箱型伸缩臂，充分地发挥了材料的性能，但制造 U 形截面伸缩臂的工艺比较复杂，一般多运用到大型起重上。由于边界问题，接触非线性等问题使得对于 U 形截面伸缩臂局部稳定性的理论解一直没有有效的解析方法，工作人员在设计 U 形截面伸缩臂时多采用理论和有限元分析相结合的方法。本节内容就 U 形截面伸缩臂滑块的接触作用分析了 45°工况和 78.16°工况下的臂架最大位移、臂架最大应力和滑块最大应力。并得到如下结果。

图 9.19 所示为 U 形截面伸缩臂滑块接触区域伸缩臂应力分布云图。

从图中可以得出以下结论：

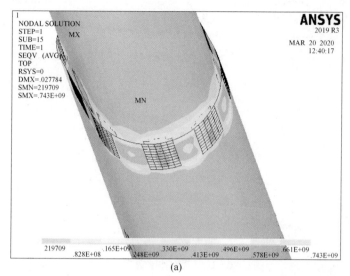

(a)

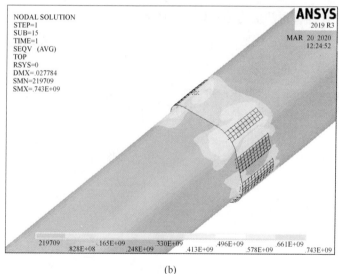

(b)

图 9.19 U 形截面伸缩臂接触区应力云图

（1）U 形截面伸缩臂在滑块接触区应力分布较为均匀，没有出现较大的集中应力，如图 9.19（a）、（b）所示。

（2）U 形截面伸缩臂最大应力点"脱离"了滑块接触区域，而向臂架两端转移，靠近伸缩臂根部和端部的应力较大，如图 9.20 所示。

（3）U 形截面伸缩臂上应力分布较为均匀，伸缩臂搭接部分整体应力较小，如图 9.20 所示。

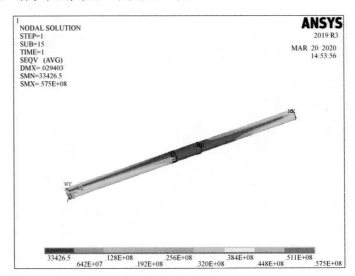

图 9.20　U 形截面伸缩臂应力云图

U 形截面伸缩臂滑块应力分布情况如图 9.21 和图 9.22 所示。

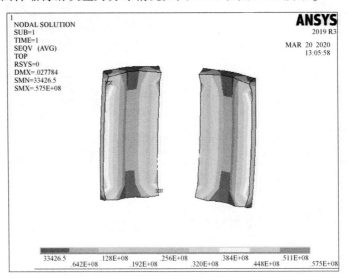

图 9.21　U 形截面伸缩臂滑块应力云图

由图 9.21 和图 9.22 可以总结出 U 形截面伸缩臂滑块应力分布有如下规律：

（1）U 形截面伸缩臂上滑块应力分布，比较规则，关于中心对称，沿长度方向呈带状分布。

（2）U 形截面伸缩臂滑块两侧应力较大，中间应力较小。

（3）U 形截面伸缩臂滑块在长度方向应力比较稳定，宽度方向应力起伏较大；如图 9.22（a）、（b）所示。

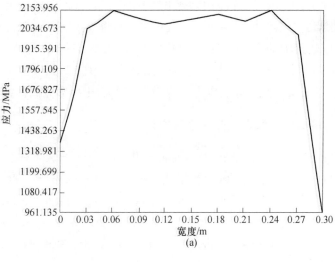

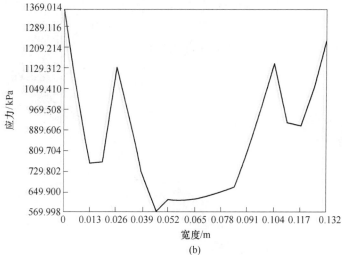

图 9.22 U 形截面伸缩臂滑块应力曲线图

（a）长度方向；（b）宽度方向

45°工况和 78.16°工况下，U 形截面伸缩臂上最大位移，臂架最大应力，滑块最大应力如表 9.5 所示。

表 9.5 U 形截面两种工况

工 况	最大位移/mm	臂架最大应力/MPa	滑块最大应力/MPa
45°	235.7	593	104
78.16°	88.3	257	31.3

由表 9.5 可看出，U 形截面伸缩臂 45°工况和 78.16°相比，伸缩臂上应力，位移及滑块最大应力都发生很大变化。其中伸缩臂最大位移 45°工况比 78.16°工况大 166%；臂架最大应力 45°工况比 78.16°工况大约 131%；滑块最大应力 45°工况比 78.16°工况大 59%。综上所述 45°工况比 78.16°工况应力增大幅度非常大，但臂架应仍未超过臂架许用应力，且最大应力仍比矩形截面伸缩臂小。

9.4.3   椭圆形截面伸缩臂滑块处局部应力分析

椭圆形截面伸缩臂是在原来 U 形截面的基础上，下槽板采用标准圆柱壳截面，上腹板采用斜板结构，形成的新型截面形式，他有很高的抗屈曲弯曲性能，因而一般被应运于超大型起重机上。同 U 形截面类似，椭圆形截面局部稳定性更难得到标准的解析解，因此本节内容就椭圆形截面伸缩臂滑块的接触作用分析了 45°工况和 78.16°工况下的臂架最大位移、臂架最大应力和滑块最大应力。并对 45°工况下 U 形截面伸缩臂局部应力作了详细分析。

从图 9.23 可以看出椭圆形截面伸缩臂臂架上应力分布更加均匀，在伸缩臂搭接处应力最小，在伸缩臂端部和尾部应力较大。

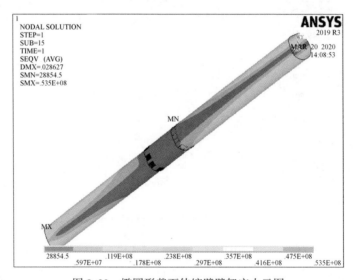

图 9.23   椭圆形截面伸缩臂臂架应力云图

从图 9.24 中可以看出：

（1）椭圆形截面伸缩臂滑块上应力分布较为均匀，滑块上应力分布情况与 U 形截面伸缩臂有所不同，椭圆形伸缩臂滑块上应力沿长度方向呈"梯"状分布，而 U 形截面伸缩臂沿长度方向呈"带"状分布。

（2）椭圆形截面伸缩臂滑块应力在沿长度方向上呈上升趋势，在宽度方向

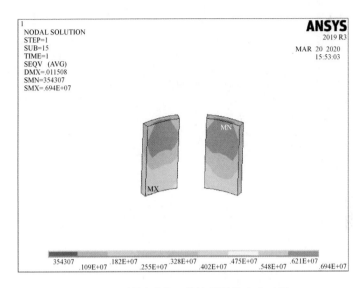

图 9.24 椭圆形截面伸缩臂滑块应力云图

上两侧呈对称分布，如图 9.25（a）、（b）所示。

（3）椭圆形截面伸缩臂滑块应力沿长度方向变化较小，沿宽度方向变化较大。

45°工况和 78.16°工况下，U 形截面伸缩臂上最大位移，臂架最大应力，滑块最大应力如表 9.6 所示。

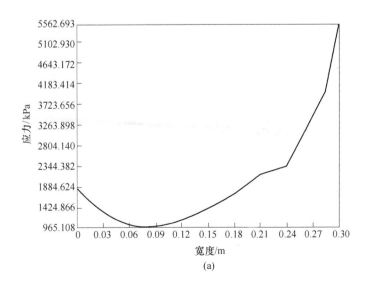

(a)

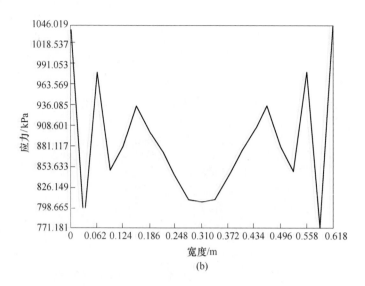

图 9.25 椭圆形截面伸缩臂滑块应力云图

(a) 长度方向；(b) 宽度方向

表 9.6 椭圆形截面两种工况

工 况	最大位移/mm	臂架最大应力/MPa	滑块最大应力/MPa
45°	228.5	576	21.1
78.16°	87.6	219	97.5

由表 9.6 可知，椭圆形截面伸缩臂 45°工况和 78.16°相比，伸缩臂上应力、位移及滑块最大应力都发生很大变化。其中伸缩臂最大位移 45°工况比 78.16°工况大 161%；臂架最大应力 45°工况比 78.16°工况大约 135%；滑块最大应力变化最大，45°工况比 78.16°工况大 210%。

9.5 滑块参数变化对椭圆形截面伸缩臂局部应力的影响

针对上一章对箱型伸缩臂不同截面的分析，现只对椭圆形截面伸缩臂滑块长度和支撑位置进行调整，分析椭圆形截面伸缩臂在长度变化和支撑位置变化时的接触应力变化情况。

由上章研究结果可知，椭圆形截面伸缩臂滑块在伸缩臂上应力分布规律：外节伸缩臂滑块上受到局部挤压载荷使得下翼缘板上滑块应力较大，即下翼缘板底部滑块应力较大，下翼缘板圆弧靠近两侧腹板的位置滑块应力较小，如图 9.26

所示,当伸缩臂在额定载荷工作时,滑块受到强力的反复挤压,无论是对与之紧密接触的内节伸缩臂还是其安装位置的外节臂臂头都会产生很大的局部应力,因此此处比其他地方更容易发生局部失稳。起重机设计规范选定的强度校核的危险截面也在内节臂与滑块接触区域的中点所在位置。因此采取一定的措施改善滑块接触区应力,获得更加均匀的接触应力分布显得尤为重要。

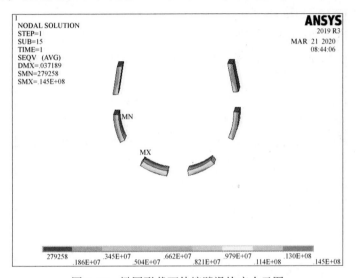

图9.26　椭圆形截面伸缩臂滑块应力云图

而改善滑块接触区应力,除优化截面形式外还可对滑块参数进行调整,以获得最佳的滑块参数,使应力分布更加均匀。影响伸缩臂上局部接触应力的主要滑块参数有滑块材料、滑块长度、滑块厚度以及滑块的支撑位置。目前为止起重机伸缩臂上的滑块主要为尼龙滑块,它具有耐磨性好,重量轻,自润滑效果好等特点,本章研究的起重机伸缩臂就是采用的尼龙滑块,还有小部分起重机使用青铜滑块,虽然滑块材料能很大程度影响伸缩臂局部接触应力,但其性能都已确定,故滑块材料方面不作为研究方向;滑块厚度是由截面尺寸决定的,一般设计人员为了伸缩臂结构更加紧凑,都会尽可能减少滑块厚度对臂架截面的影响,所以滑块厚度变化空间有限也不作为研究方向。本章对椭圆形截面伸缩臂滑块长度和支撑位置进行调整,分析椭圆形截面伸缩臂在长度变化和支撑位置变化时的接触应力变化情况。

9.5.1　滑块长度变化对伸缩臂架局部接触应力的影响

滑块长度关系到滑块与臂架接触区域的大小,从压力角度看,接触面积最大,单位面积承受的压力就越小,滑块长度越长越好。但从实际情况中及上章研究结果看，滑块上应力并不是平均分布，且伸缩臂在工作过程中会产生较大的位移，滑块过长会导致滑块承受伸缩臂上的弯矩，使得滑块上应力过大。因此本节滑块长度取值范围在 200mm 到 330mm 之间。

研究滑块长度变化对臂架、滑块的影响时，为尽可能避免遗漏滑块最佳调整方案，又需尽可能减少计算次数。在对滑块长度进行取值时需结合分析情况判断，具体取值方式如下：

滑块长度在 200mm 到 270mm 时，每隔 10mm 取一滑块长度值，在 270mm 到 290 时，每隔 5mm 取一长度值，在 290mm 到 310mm 时每隔 2mm 取一长度值，最后直到 330mm 都每隔 5mm 取一长度值。

9.5.1.1 45°工况长度变化伸缩臂局部接触应力的影响

在分析 45°工况长度变化对伸缩臂局部应力的影响时，直接在命令流中修改滑块长度，对每一滑块长度节点都进行 ANSYS 接触非线性分析，提取臂架最大应力，最大位移和滑块最大应力的数值，制成表 9.7。

表 9.7 45°工况滑块长度变化时对臂架、滑块的影响

滑块长度 /mm	臂架最大应力 /MPa	最大位移 /mm	滑块最大应力 /MPa
200	597	248.4	13.2
210	595	248.1	13.1
220	594	247.5	12.8
230	593	246.6	12.6
240	590	245.3	12.5
250	588	243.3	12.3
260	585	240.1	12.2
270	583	238.9	12.3
275	582	237	11.9
280	581	235.7	11.8
295	580	233.5	11.6
290	579	232.4	11.4
292	579	230.5	11.3
294	578	229.9	11.2
296	578	227.8	11.2
298	577	226.7	11.2
300	576	228.5	11.1
302	577	228.4	11.2

滑块长度 /mm	臂架最大应力 /MPa	最大位移 /mm	滑块最大应力 /MPa
304	576	233.6	11.2
306	578	232.5	11.3
308	579	236.3	11.4
310	580	235.8	11.4
315	579	237.5	11.5
320	578	240.1	11.7
325	581	241.3	11.8
330	582	240.9	12.0

为了更直观的表示，利用 MATLAB 对 ANSYS 接触非线性而分析得到的结果进行了处理，得到了臂架最大应力、滑块最大应力和臂架最大位移随滑块长度变化的曲线图。

其趋势变化如图9.27~图9.29所示。

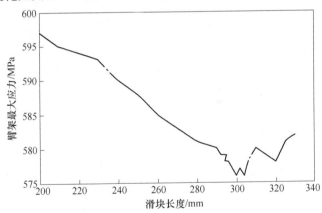

图9.27 滑块长度对臂架最大应力的影响曲线

（1）45°工况进行 ANSYS 分析时，计算时间更长，收敛也变得更加困难。

（2）45°工况下，滑块长度变化引起的臂架最大应力和滑块最大应力变化趋势一致，臂架最大应力和滑块最大应力随滑块长度增大而减小，但在滑块长度增加到一定程度时，臂架最大应力变得平缓且略有上升。臂架应力和滑块应力最小值在滑块长度为300mm时取到。

（3）45°工况下，滑块长度变化引起臂架最大位移的变化更大，明显随滑块长度增大而减小，最后趋于平缓，滑块长度在大于298mm时，长度变化几乎对臂架最大位移没有影响。

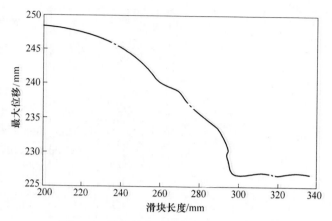

图 9.28　滑块长度对最大位移的影响曲线

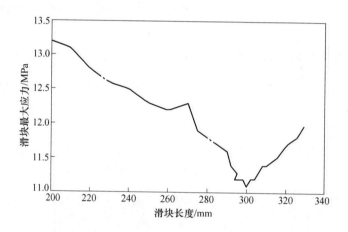

图 9.29　滑块长度对滑块最大应力的影响曲线

9.5.1.2　78.16°工况滑块长度变化对臂架局部应力的影响

改变伸缩臂变幅角度使之成为 78.16°后，对滑块长度进行调整，并进行 ANSYS 接触非线性分析，提取臂架最大应力、滑块最大应力和臂架最大位移的数值制成表 9.8。

表 9.8　78.16°工况滑块长度变化时对臂架、滑块的影响

滑块长度 /mm	臂架最大应力 /MPa	最大位移 /mm	滑块最大应力 /MPa
200	275	95.4	12.42

滑块长度 /mm	臂架最大应力 /MPa	最大位移 /mm	滑块最大应力 /MPa
210	269	95.4	12.06
220	262	94.3	11.35
230	253	89.9	10.88
240	241	89.4	10.57
250	237	89.2	9.93
260	233	89.9	9.57
270	229	89.8	9.39
275	225	89.0	8.89
280	226	88.7	8.81
285	222	88.5	8.77
290	219	88.4	8.76
292	219	88.5	8.77
294	218	87.9	8.71
296	218	87.8	8.63
298	219	87.7	8.58
300	219	87.6	8.47
302	219	87.6	8.44
304	219	86.6	8.45
306	220	86.5	8.47
308	219	86.3	8.51
310	220	87.2	8.59
315	222	86.5	8.53
320	222	82.1	8.44
325	223	80.3	8.49
330	223	80.9	8.58

用 MATLAB 导出表 9.8 中的曲线图如图 9.30~图 9.32 所示。

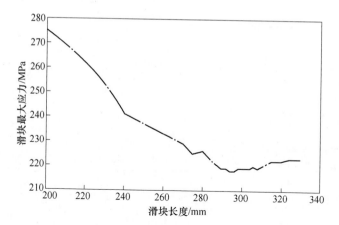

图 9.30 滑块长度对臂架最大应力的影响曲线

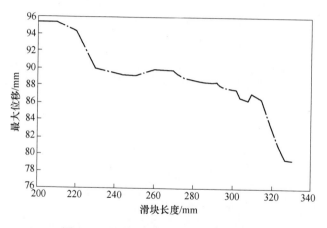

图 9.31 滑块长度最大位移的影响曲线

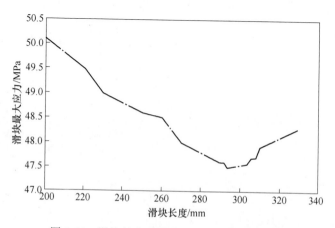

图 9.32 滑块长度对滑块最大应力的影响曲线

（1）78.16°工况下，滑块长度从200mm到280mm时，臂架最大应力变化较大，在280mm以后臂架最大应力变化趋于平稳，即在滑块长度足够长的情况下，臂架最大应力改善不明显，如图9.30所示。

（2）78.16°工况下，滑块长度变化对臂头最大位移影响较大，滑块长度越长，臂头最大位移越小。

（3）78.16°工况下，滑块长度变化对滑块最大应力变化影响较小，趋势趋于平缓。

根据滑块长度变化对伸缩臂局部接触应力的影响分析可得出如下结论：

（1）对比45°工况和78.16°工况，45°工况滑块长度改变引起的臂架最大应力、滑块最大应力、臂头最大位移的影响力更大。

（2）伸缩臂上滑块长度并不是越长越好，总是在一个范围内来取到最小值，综合本章结果来看，滑块长度在280mm到310mm之间都是比较合理的。

（3）滑块长度变大时，由于会承受弯矩的作用，使得臂架最大位移有所减小，而滑块应力有所增大，对比300mm时，最大位移减少7%，滑块最大应力增大2%。

（4）45°工况和78.16°工况下，滑块长度变化引起的臂架最大应力、滑块最大应力、臂头最大位移的变化趋势基本一致，并未出现突然增大或减小的'尖'点。证明分析结果较为可靠。

9.5.2　滑块布置位置伸缩臂局部接触应力的影响

根据上一章分析结果，发现外节臂下翼缘板唇口的滑块和内节臂上滑块的应力较大，由于伸缩臂截面形状的限制，内节臂上滑块的形状、尺寸和位置都已确定，U形和椭圆形截面伸缩臂的上滑块都分布在上翼缘板的大圆角处，因此，U形和椭圆形截面伸缩臂的上滑块不同于其他滑块，往往设计尺寸都比较大如图9.34（b）所示。

椭圆形截面伸缩臂下滑块由一个个滑块条拼装而成，滑块条通过螺栓固定在滑块底座上，滑块底座固定在外节伸缩臂的臂头处，如图9.33（a）所示。由于型截面伸缩臂下槽板为半圆形，下滑块与内节伸缩臂下槽板接触，因此实际工程中下滑块装置被布置成等厚度的半圆环，使其刚好与内节伸缩臂的下槽板完全贴合，由图9.23可知椭圆形截面伸缩臂上应力呈带状分布，且下翼缘板圆环底部应力最大且较为集中，因此在布置滑块时会错开伸缩臂应力最大区域采用分散布置，如图9.33（a）、（b）所示，因而使下翼缘板处滑块圆弧底部两端滑块与下翼缘板圆弧中心形成夹角，如图9.33（b）所示。

本节针对应力较大的椭圆形截面伸缩臂下滑块支撑位置进行分析。

建模时椭圆形截面伸缩臂滑块的布置如图9.34所示，图9.34（a）所示为椭

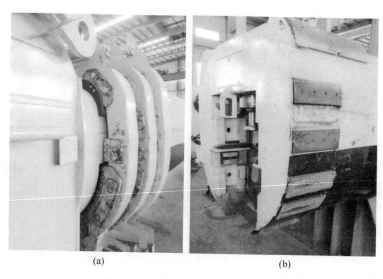

(a)   (b)

图 9.33　某起重机厂伸缩臂及滑块

圆形截面伸缩臂截面形状及滑块分布位置，图 9.34（b）所示为椭圆形截面伸缩臂下滑块支撑位置。图中所示下滑块分布位置位于下翼缘板圆弧中心左右各偏10°角的位置，两滑块之间的夹角为 20°，研究下滑块分布位置对伸缩臂臂架、滑块的影响时，只需调整两个滑块之间的夹角即可，本节内容在 10°到 25°每隔 1°提取一个滑块支撑位置，分别对 45°工况和 78.16°工况进行接触非线性分析。

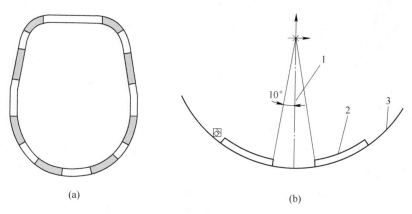

(a)   (b)

图 9.34　椭圆形截面伸缩臂滑块布置

1—滑块；2—伸缩臂下翼缘板；3—滑块夹角

9.5.2.1　45°工况滑块支撑位置对伸缩臂局部接触应力的影响

45°工况时滑块支撑位置对伸缩臂臂架、滑块的影响如表 9.9 所示。

表9.9 45°工况滑块夹角变化时对臂架、滑块的影响

滑块夹角 /(°)	臂架最大应力 /MPa	下滑块最大应力 /MPa	最大位移 /mm
25	586	19.5	230.2
24	581	19.6	228.8
23	579	19.3	228.6
22	577	19.3	229.7
21	576	18.5	228.2
20	576	18.6	228.5
19	577	18.7	228.6
18	576	18.9	229.4
17	572	19.0	231.6
16	576	19.6	232.3
15	573	19.9	234.1
14	577	20.1	235.7
13	576	20.8	239.8
12	583	21.6	242.5
11	596	22.5	243.9
10	602	23.3	248.3

用 MATLAB 对表结果进行处理，得到 45°工况时滑块支撑位置对伸缩臂臂架、滑块的影响的曲线，如图 9.35~图 9.37 所示。

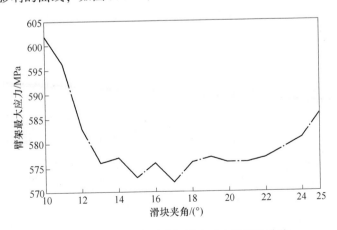

图 9.35 滑块夹角对臂架最大应力的影响曲线

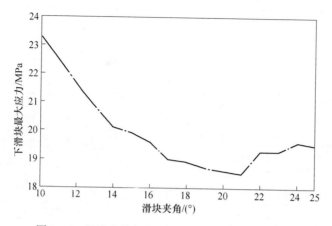

图 9.36 滑块支撑角度对下滑块最大应力影响曲线

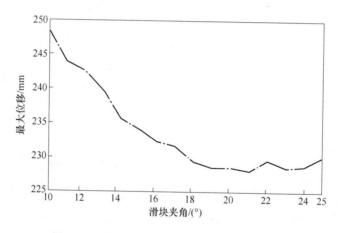

图 9.37 滑块支撑角度对最大位移的影响曲线

其结果发现如下规律：

（1）45°工况下，随着两滑块夹角的逐渐增大，臂架最大应力先减小后增大，在滑块夹角为 17°时取得最小值。

（2）45°工况下，随着两滑块夹角的逐渐增大，下滑块最大应力同样先减小后增大，下滑块最大应力变化量在 29%，并且在滑块夹角为 18°时取得最小值。

（3）45°工况下，滑块支撑位置对臂架最大位移影响较小，总位移变化量在 8%左右。

9.5.2.2 78.16°工况滑块支撑位置对伸缩臂接触应力的影响

78.16°工况时滑块支撑位置对伸缩臂臂架、滑块的影响如表 9.10 所示。

表 9.10　78.16°工况滑块长度变化时对臂架、滑块的影响

滑块夹角 /(°)	臂架最大应力 /MPa	下滑块最大应力 /MPa	最大位移 /mm
25	223	8.76	83.6
24	221	8.77	83.7
23	219	8.71	84.1
22	216	8.63	86.0
21	216	8.58	87.6
20	219	8.47	86.6
19	218	8.44	86.9
18	216	8.45	87.2
17	217	8.47	87.5
16	215	8.51	88.4
15	216	8.59	88.7
14	218	8.53	89.2
13	220	8.44	87.5
12	227	8.49	88.3
11	224	8.58	89.4
10	226	8.60	90.4

用 MATLAB 对导出的数据进行处理，得到更为直观的曲线图，如图 9.38~图 9.40 所示。

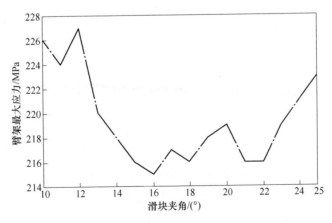

图 9.38　滑块支撑角度对臂架最大应力的影响曲线

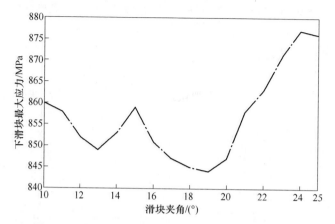

图 9.39 滑块支撑角度对下滑块最大应力的影响曲线

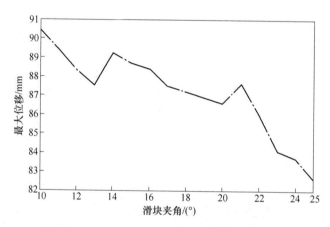

图 9.40 滑块支撑角度对最大位移的影响曲线

根据曲线图可发现：

（1）78.16°工况下随着两滑块夹角的逐渐增大，臂架最大应力先减小后增大，并在 16°到 22°范围内振荡，在滑块夹角为 16°时取得最小值。

（2）78.16°工况下随着滑块夹角的逐渐增大，滑块最大应力出现两次波动，分别为 10°到 15°和 15°到 24°，下滑块最大应力在 19°时取得最小值。

（3）78.16°工况下随着滑块夹角的逐渐增大，臂架最大位移呈减小趋势，但变化量较小。

根据滑块支撑位置对伸缩臂局部接触应力的影响分析可得出如下结论：

（1）下滑块支撑位置改变对滑块最大应力、臂架最大应力影响比较大，对臂架位移影响较小。

（2）下滑块支撑位置对 45°工况和 78.16°工况下伸缩臂局部接触应力的影响趋势大体相同。

（3）45°工况条件下，下滑块支撑位置的改变对臂架局部接触应力的影响比 78.16°工况时，更为显著。

（4）根据本节研究内容可知下滑块最佳支撑位置是在两滑块夹角为 17°时。

本章以 50t 汽车起重机两节伸缩臂和滑块模型为分析对象，通过 ANSYS 建立了伸缩臂和滑块的有限元模型，在滑块和伸缩臂支撑处建立接触对，添加接触单元，并选取了合适的接触单元参数进行接触非线性分析，选取了矩形截面伸缩臂，U 形截面伸缩臂和椭圆形截面伸缩臂三个代表性的截面形式，分别在 45°工况和 78.16°工况，对伸缩臂最大应力、最大位移和滑块最大应力进行对比分析，并对分别对 45°和 78.16°工况下的椭圆形截面伸缩臂滑块长度和支撑位置进行调整，总结出了在此情况下伸缩臂最大应力、伸缩臂最大位移和滑块最大位移的变化规律，得出以下结论：

（1）在进行 ANSYS 分析时，接触参数的选取对分析的结果准确性尤其是收敛性有着至关重要的作用，前期需要反复的试算，综合计算时间和计算精度选取合适的参数。

（2）对比三种截面形式伸缩臂接触区非线性接触分析发现，矩形截面伸缩臂臂架和滑块上的应力分布不均匀；U 形截面伸缩臂和椭圆形截面伸缩臂臂架上应力分布较为均匀，其应力分布情况也大体相同；U 形截面和椭圆形截面滑块应力分布也较为均匀，但分布方式却截然不同，且椭圆形截面伸缩臂滑块上应力更小。

（3）在相同的工况条件下，椭圆形截面伸缩臂明显比其他两种截面形式的伸缩臂更有优势。

（4）45°工况比 78.16°工况对截面变化及滑块参数变化引起的局部接触应力变化更加敏感。

（5）椭圆形截面伸缩臂滑块长度由 200mm 到 330mm 增大时，伸缩臂最大应力和最大位移总体呈现下降趋势，滑块最大应力总体先下降后又有小幅度上升；滑块支撑角度由 10°增加到 25°时伸缩臂最大应力先减小后增大，并在 15°到 22°之间振荡，下滑块最大应力总体呈减小趋势，臂架最大位移变化量不大呈减小趋势。

（6）由于吊臂与滑块是紧密接触的，降低了滑块上的局部应力，也就降低了与之相接触的吊臂的应力，从而提高了吊臂的承载能力。

（7）本章研究的各截面伸缩臂局部应力情况，及椭圆形截面滑块参数对局部应力分布的影响对其他型号起重机有一定的借鉴意义。

参 考 文 献

[1] 蔡福海，高顺德，王欣．全地面起重机发展现状及其关键技术探讨［J］．工程机械与维修，2006（9）：66~70.

[2] 卢毅非．全地面起重机关键技术探析［J］．工程机械与维修，2004（10）：69~71.

[3] 徐格宁．机械装备金属结构设计［M］．2版．北京：机械工业出版社，2011.

[4] 郑红，吴国锐．起重臂伸缩机构原理的研究［J］．煤矿机械，2010，31（6）：69~71.

[5] 刘晓宇，陈战营，张永强，等．单缸插销伸缩臂技术的发展及应用［C］//2012年全国地方机械工程学会学术年会论文集（河南分册）．成都，2012：55~63.

[6] 颜颢，张建军．单缸插销伸缩机构的研究与应用［J］．建设机械技术与管理，2011，24（2）：116~118.

[7] 王云．单缸插销式伸缩臂系统的故障排除［J］．起重运输机械，2006（5）：82~84.

[8] 高顺德，梁林，陈礼，等．全地面起重机超起拉索对主臂受力影响研究［J］．机械设计，2013，30（5）：93~96.

[9] Timoshenko S P, Gere J M. Theory of elastic stability, New York：Mc Graw-Hill, 1965.

[10] 张月强，高建岭，白玉星，等．用势能驻值定理求解阶梯型钢柱整体稳定性的分析研究［J］．北方工业大学学报，2011，23（1）：80~83，88.

[11] 滕儒民，姚海瑞，陈礼，等．全地面起重机超起装置对臂架受力影响研究［J］．机械设计，2012，29（1）：91~96.

[12] 陆念力，都亮，兰朋．起重机箱形伸缩臂稳定性分析的精确理论解［J］．哈尔滨建筑大学学报，2000，33（2）：89~93.

[13] 都亮，陆念力，兰朋．弹性支撑阶梯柱侧向位移与稳定性的精确分析［J］．哈尔滨工程大学学报，2014（8）：993~996.

[14] 陆念力，张宏生，兰朋．计及液压缸作用的起重机伸缩臂欧拉临界力的精确解析解［J］．起重运输机械，2008（11）：13~16.

[15] 张煜．变截面压杆稳定性分析的矩阵传递法［J］．贵州工业大学学报（自然科学版），2000，29（5）：7~12.

[16] 侯祥林，范炜，贾连光．变截面压杆临界载荷的迭代算法［J］．哈尔滨工业大学学报，2011，43（1）：237~240.

[17] 周锡勤，张存道．阶梯柱压弯的传递矩阵法［J］．华北电力学院学报，1996，23（2）：52~57.

[18] 孙建鹏，李青宁，曹现雷．压弯杆弹性弯曲分析的精细传递矩阵法［J］．北京工业大学学报，2012，38（4）：536~539.

[19] 陆念力，兰朋，白桦．起重机箱形伸缩臂稳定性分析的精确理论解［J］．哈尔滨建筑大学学报，2000，33（2）：89~93.

[20] 王腾飞，兰朋，陆念力．计及支座柔性的双拉杆起重臂平面外稳定性［J］．华南理工大学学报（自然科学版），2015（6）：71~76.

[21] 陆念力，刘士明，孟丽霞．起重机箱形伸缩臂的动力稳定性分析［J］．工程力学，2013，

30（3）：377~383.

［22］孙焕纯，王跃方，刘春良．桁架结构稳定分析的几何非线性欧拉稳定理论［J］．计算力学学报，2007（24）：538~545.

［23］陈骥．钢结构稳定理论与设计［M］．北京：科学出版社，2002.

［24］刘鸿文．材料力学［M］.5版．北京：高等教育出版社，2011.

［25］刘鸿文．高等材料力学［M］．北京：高等教育出版社，1985.

［26］刘士明．工程起重机伸缩臂系统结构稳定性及复合运动动力学研究［D］．哈尔滨：哈尔滨工业大学，2013.

［27］王欣，易怀军，赵日鑫，等．一种n阶变截面压杆稳定性计算方法的研究［J］．中国机械工程，2014，25（13）：1744~1747.

［28］Fenglin Yao, Wenjun Meng, Jie Zhao, et al. Buckling theoretical analysis of all-terrain crane telescopic boom with n-stepped sections［J］. Journal of Mechanical Science and Technology, 2018, 32（8）：3637~3644.

［29］Bagheri S, Nikkar A. Higher order explicit solutions for nonlinear dynamic model of column buckling using variational approach and variational iteration algorithm-Ⅱ［J］. Journal of Mechanical Science and Technology, 2014, 28（11）：4605~4611.

［30］蒋利华，马昌凤．阻尼Gauss-Newton方法解非线性不等式组［J］．数学杂志，2009，29（4）：473~478.

［31］胡春华，李萍萍，朱咏莉．基于Levenberg-Marquardt算法的杨树枝干建模［J］．农业机械学报，2014，45（10）：272~276.

［32］严正，范翔，赵文恺，等．自适应Levenberg-Marquardt方法提高潮流计算收敛性［J］．中国电机工程学报，2015，35（8）：1909~1918.

［33］姚峰林，孟文俊，赵婕，等．起重机n阶伸缩臂架稳定性的递推公式及数值解法［J］．中国机械工程，2019，30（21）：2533~2538.

［34］中华人民共和国国家质量监督检验检疫总局，中国国家标准化管理委员会．GB/T 3811—2008　起重机设计规范［S］．北京：中国标准出版社，2008.

［35］徐格宁．机械装备金属结构设计［M］.3版．北京：机械工业出版社，2018.

［36］姚峰林，孟文俊，赵婕，等．伸缩臂式起重机阶梯柱模型的临界力计算对比［J］．机械设计与制造，2020（5）：23~27.

［37］陆念力，都亮．多级阶梯柱侧向刚度与轴压临界力的精确分析及其实用算式［J］．工程力学，2015，32（8）：217~222.

［38］FenglinYao, WenjunMeng, Jie Zhao, et al. Comparison of Analytical method on Critical Force of the Stepped column Model of Telescopic Crane［J］. Advance in mechanical engineering, 2018, 10（10）：1~13.

［39］童根树．钢结构的平面外稳定［M］．北京：中国建筑工业出版社，2012.

［40］陆念力，张立强，孟小平．梁杆系统精确有限元方程及其在几何非线性分析和稳定计算中的应用［J］．建筑机械，1996（3）：18~20.

［41］张洪才．ANSYS 14.0理论解析与工程应用实例［M］．北京：机械工业出版社，2012.

［42］尚晓江，邱峰．ANSYS 结构有限元高级分析方法与范例应用［M］．北京：中国水利水电出版社，2014.

［43］李兵，宫鹏涵．ANSYS 14 有限元分析自学手册［M］．北京：人民邮电出版社，2013.

［44］CAD/CAM/CAE 技术联盟．ANSYS 15.0 有限元分析从入门到精通［M］．北京：清华大学出版社，2016.

［45］王亭亭，局部缺陷对薄壁结构屈曲失效的影响研究［D］．北京：北京工业大学，2014.

［46］姚峰林，佘占蛟，孟文俊，等．超起装置对伸缩臂屈曲分析的影响［J］．现代制造工程，2018（6）：18~22.

［47］CAE 应用联盟，张岩，等．ANSYS Workbench 15.0 有限元分析从入门到精通［M］．北京：机械工业出版社，2014.

［48］王俊飞，姚峰林，佘占蛟．截面尺寸对伸缩臂屈曲失稳性能的影响［J］．中国工程机械学报，2018，16（4）：305~309.

［49］姚峰林，佘占蛟，孟文俊，等．全地面起重机伸缩臂含几何结构缺陷的非线性屈曲分析［J］．起重与输送机械，2017（5）：1~5.

［50］王欣，高顺德，屈福政．国内外大型起重机的发展状况［J］．建筑机械，2005（2）：28~32.

［51］刘木南，胡江林，刘会敏．全地面起重机塔式副臂起臂工况仿真计算［J］．建筑机械，2013（11）：92~95.

［52］张景坡．考虑大变形的全地面起重机塔臂工况撑杆设计研究［D］．大连：大连理工大学，2013.

［53］Yao Fenglin, Meng Wenjun, Zhao Jie, et al. , The relationship between eccentric structure and super-lift device of all-terrain crane based on the overall stability［J］. Journal of Mechanical Science and Technology, 2020, 34（6）: 1~6.

［54］姚峰林，石国善，孟文俊，等．基于整体稳定性的全地面起重机偏心调整架与超起装置的相互关系［J］．中国工程机械学报，2020，18（2）：107~112.

［55］姜伟．全地面起重机 U 形臂结构屈曲问题计算方法研究［D］．长春：吉林大学，2016.

［56］Erfei Zhao, Kai Cheng, Wuhe Sun, et al. Buckling failure analysis of truck mounted concrete pump's retractable outrigger［J］. Engineering Failure Analysis, 2017, 79: 361~370.

［57］姚嘉．全地面起重机伸臂屈曲稳定性数值模拟研究与应用［D］．长春：吉林大学，2018.

［58］Aimin Ji. Collaborative optimization of NURBS curve cross-section in a telescopic boom［J］. Journal of Mechanical Science and Technology, 2017, 31（8）: 3861~3873.

［59］Jia Yao, Xiaoming Qiu, Zhenping Zhou, et al. Buckling failure analysis of all-terrain crane telescopic boom section［J］. Engineering Failure Analysis, 2015, 57: 105~117.

［60］王金诺，柳葆生，张质文．125 吨液压汽车起重机箱形伸缩吊臂足尺静力破坏试验［J］．起重运输机械，1988（8）.

［61］柳葆生，王金诺．汽车起重机伸缩吊臂滑块作用处局部应力的计算［J］．起重运输机械，1994（5）：13~18.

[62] 孙在鲁，陈佳伟. 大圆角吊臂腹板局部稳定临界应力的计算 [J]. 工程机械，1982 (3)：12~20.

[63] 孙在鲁. 箱形伸缩臂腹板局部稳定临界应力的计算 [J]. 工程机械，1980 (12)：14~23.

[64] 孙在鲁. 关于八角形臂的探讨 [J]. 建筑机械，1982 (1)：10~18.

[65] 纪爱敏. 起重机伸缩吊臂局部稳定性的有限元分析 [J]. 农业机械学报，2004 (11)：48~51.

[66] 张硕. 伸缩臂局部稳定性研究 [D]. 大连：大连理工大学，2007.

[67] 牟瑞平. 起重机伸缩臂局部稳定性研究 [J]. 中国工程机械学报，2008 (6)：172~174.

[68] 齐成，屈福政. 伸缩臂腹板局部稳定性计算方法研究 [J]. 设计研究，2008 (6)：56~58.

[69] 林雪. 箱型伸缩臂滑块接触技术研究 [D]. 大连：大连理工大学，2011.

[70] 李志敏. 伸缩吊臂滑块局部应力分析及变化规律研究 [D]. 成都：西南交通大学，2011.

[71] 韩立. U形截面伸缩臂下滑块接触区应力分析及公式拟合 [D]. 大连：大连理工大学，2014.

[72] 杨山林. U形截面伸缩臂下滑块调整对接触应力影响研究 [D]. 大连：大连理工大学，2013.

[73] 胡青春，倘广垒. 箱形伸缩臂滑块接触应力的显著性分析 [J]. 现代制造工程，2015 (12)：109~112.

[74] 罗贤智. 箱形伸缩臂式起重机臂架滑块局部应力研究 [D]. 大连：大连理工大学，2018.

[75] 冯登泰. 接触力学的发展概况 [J]. 力学进展，1989，17 (4)：431~446.

[76] 李爱民. 三维弹性接触问题的数值模拟技术及其应用研究 [D]. 西安：西北工业大学，2004.

[77] 蔡汝铭. 接触问题的有限元求解及其在重力坝稳定分析中的应用 [D]. 南京：河海大学，2006.

[78] 董迎春. 弹塑性边界元法的若干基础性研究及在接触问题上的应用 [D]. 北京：清华大学，1992.

[79] 孙林松，王德信，谢能刚. 接触问题有限元分析方法综述 [J]. 水利水电科技进展，2001 (6)：18~20.

[80] 李学文，陈万吉. 三维接触问题的非光滑算法 [J]. 计算力学学报，2000，17 (1)：46~48.

[81] 陈万吉，胡志强. 三位摩擦接触问题算法精度和收敛性研究 [J]. 大连理工大学学报，2003，43 (5)：543~546.

[82] 董玉文，任青文，苏琴. 接触摩擦问题的扩展有限元数值模拟方法 [J]. 长江科学院院报，2009，26 (5)：46~48.

[83] 孟晓辰. 固定曲面结合面的分形接触模型与动力学研究 [D]. 沈阳：东北大学，2009.

[84] 顾迪明. 轮胎式起重机伸缩臂架截面形状的优化 [J]. 建筑机械，1988 (9)：9~13.

[85] 纪爱敏，罗衍领. 起重机伸缩吊臂截面优化设计 [J]. 建筑机械化，2006 (3)：17~20.

[86] 洪志强. 起重机伸缩臂截面结构的研究 [D]. 大连：大连理工大学，2015.

[87] 苏婷. 55吨汽车起重机伸缩臂截面的结构分析 [D]. 大连：大连理工大学，2015.

[88] 申士林. 类椭圆截面伸缩臂接触非线性探析及结构轻量化技术研究 [D]. 成都：西南交通大学，2010.

[89] 刘健. 实腹式伸缩臂架局部稳定性失效仿真与性能评估 [D]. 太原：太原科技大学，2015.

[90] 陈锋. 80吨履带式起重机臂架的有限元分析 [D]. 长春：吉林大学，2009.

[91] 毛坚强，丁桂彪. 变形体的虚功原理及其在求解接触问题中的应用 [J]. 西南交通大学学报，2002，37 (3)：228~230.

[92] 胡全. 大型矿用挖掘机提升机构含裂纹轴齿轮接触有限元分析 [D]. 长春：吉林大学. 2006.

[93] Heegaad J H, Curnier A. An augmented lagrange method for discrete large-slip contact problems [J]. Int. J. Numer. meth. engng. 1993，36：570~584.